Wissenschaftliche Taschenbücher

WTB

Mathematik · Physik

Wolfgang Meiling

# Digitalrechner in der elektronischen Meßtechnik II

Akademie-Verlag · Berlin

WTB Wissenschaftliche Taschenbücher

*Zuletzt erschienene Bände:*

Joachim Auth / Dietmar Genzow
Klaus H. Herrmann
**Photoelektrische Erscheinungen**

K. Ch. Delokarov
**Relativitätstheorie und Materialismus**

Gerhard Geiseler / Heinz Seidel
**Die Wasserstoffbrückenbindung**

W. S. Letochow
**Laserspektroskopie**

Hans Luppa
**Grundlagen der Histochemie**
Teil I und II

Horst Remane / Rainer Herzschuh
**Massenspektrometrie in der organischen Chemie**

J. V. Sačkov
**Wahrscheinlichkeit und Struktur**

E. M. Sawizki
**Perspektiven der Metallforschung**

**Die Schöpfer der physikalischen Optik**
Eine Artikelsammlung

Volkmar Schuricht
**Kernexplosionen für friedliche Zwecke**

Michael Theile
Siegrfied Scherneck
**Zellgenetik**

Gerhard Wunsch
**Zellulare Systeme**

*Vorschau auf die nächsten Bände:*

Joachim Bellach / Peter Franken
Elke Warmuth / Walter Warmuth
**Maß, Integral und bedingter Erwartungswert**

Gottfried Fritzsche
**Netzwerke**
Band 1: Grundlagen und Entwurf passiver Analogzweipole

Eduard Herlt / Nikolaus Salié
**Spezielle Relativitätstheorie**

Lothar Jäger
**Grundlagen der klinischen Immunologie**

Peter Paufler
Gustav E. R. Schulze
**Physikalische Grundlagen mechanischer Festkörpereigenschaften**
Teil I und II

Albrecht Rost
**Messung dielektrischer Stoffeigenschaften**

Hans-Georg Schöpf
**Von Kirchhoff bis Planck**
Theorie der Wärmestrahlung in historisch-kritischer Darstellung

Norbert Sieber
Hans-Peter Leidhold
**Einführung in die Datenverarbeitung**

Renate Wahsner
**Mensch und Kosmos**
Die copernicanische Wende

WTB

BAND 237

*Wolfgang Meiling*

# Digitalrechner in der elektronischen Meßtechnik II

## Gerätetechnik und Anwendungen

Mit 39 Abbildungen und 10 Tabellen

AKADEMIE-VERLAG · BERLIN

*Reihe* MATHEMATIK UND PHYSIK



Verfasser:
*Prof. Dr. rer. nat. habil. Wolfgang Meiling*
Technische Universität Dresden

1978
Erschienen im Akademie-Verlag, 108 Berlin, Leipziger Str. 3—4

Lizenznummer: 202 · 100/426/78
Herstellung: VEB Druckhaus „Maxim Gorki“, 74 Altenburg
Bestellnummer: 762 535 8 (7237) · LSV 1085
Printed in GDR
DDR 8,— M

## Vorwort

In der elektronischen Meßtechnik im Laboratorium, im Prüffeld und bei industriellen Prozessen hat die Digitalrechentechnik erhebliche Bedeutung erlangt. Digitalrechner, die mit dem Meßsystem gekoppelt sind, übernehmen die Erfassung und Verarbeitung der Meßdaten und können gegebenenfalls den Meßprozeß führen und automatisieren.

Die beiden Taschenbücher, Digitalrechner I und II, geben eine Übersicht über die Methodik bei rechnergekoppelten Meßsystemen. Teil I behandelt Fragen der Meßmethoden, der Meßdatenerfassung und -speicherung sowie der Datenreduktion, wobei der Einsatz von Digitalrechnern im Vordergrund steht. Das Inhaltsverzeichnis zu Band I befindet sich hinter dem von Band II.

Der vorliegende Band II wendet sich an Physiker, Chemiker, Medizintechniker, Ingenieure und Studenten, die beabsichtigen, ein rechnergekoppeltes Meßsystem aufzubauen oder anzuwenden. Ein Einblick in die Arbeitsweise eines rechnergekoppelten Systems ist unbedingt nötig, wenn die Funktionstüchtigkeit der Anordnung und ihre Grenzen zu beurteilen sind oder wenn der Aufwand für Modifikationen und Erweiterungen abgeschätzt werden muß. Oft genug wird in der Anfangsphase der erforderliche geräte- und programmtechnische Aufwand für die Kopplung eines Digitalrechners mit einem Meßsystem im Labor oder Prüffeld zu niedrig angesetzt, so daß große zeitliche Verzögerungen bis zum Beginn des Routinebetriebes entstehen können. Aus den genannten Gründen wird die Funktion des Kleinrechners und der wichtigsten Standard-Interfaces besprochen und das Zusammenwirken von Rechner und Meßsystem an einigen Beispielen demonstriert. Die Darstellung ist weitgehend auf solche gerätetechnische Lösungen orientiert, die in den RGW-Ländern von Bedeutung sind. Für das Lesen des Taschenbuchs sind Grundkenntnisse über die elektronische Digitaltechnik wünschenswert. Fragen der speziellen Einsatzvorbereitung wie Rechneraufstellung oder Qualifizierung der Bediener werden nicht behandelt. Die Programmierung für den Echtzeitbetrieb von Digitalrechnern wird nur in dem für das Verständnis erforderlichen Maße besprochen, weil Einzelheiten hierüber sehr stark vom Betriebssystem des Rechners abhängen, das im Normalfall vom Rechnerhersteller geliefert wird. Wenn es gelingt, mit dem Taschenbuch einen kleinen Beitrag zum Verständnis der praktischen Probleme beim Einsatz von Digitalrechnern in der elektronischen Meßtechnik und der Lösungsmöglichkeiten zu geben, ist das Anliegen voll erreicht. Der Autor möchte dem Akademie-Verlag, insbesondere der leitenden Lektorin, Frau Dipl.-Math. R. Helle, für die fördernde Unterstützung und für die gute Zusammenarbeit bei der Drucklegung danken.

Dresden, Januar 1977 Wolfgang Meiling

# Inhaltsverzeichnis

II. Gerätetechnik und Anwendungen

## Inhaltsverzeichnis zu Band I

## 1. Einleitung

Die Anwendung von Digitalrechnern zur Meßdatenerfassung und -verarbeitung sowie zur Steuerung und Führung der Meßapparatur ist in mehrfacher Hinsicht sehr attraktiv. Prozeßrechner, Kleinsteuer- und Minirechner bieten die Möglichkeit, Datenraten bis etwa $10^6$ bit pro s zu speichern, beispielsweise in Form von Spektren, die Apparatur über Monitordetektoren zu überwachen und aus den ausgewerteten Daten Steuersignale für die gesamte Anordnung abzuleiten. Über das Rechnerprogramm wird der Ablauf der Untersuchung detailliert vorgeschrieben einschließlich der erforderlichen Reaktionen auf Ausfälle, Abweichungen und ähnliche, vom Programmierer als mögliche Ereignisse bereits im voraus berücksichtigte Alarm- und Fehlersituationen. Der angeschlossene Rechner kann zuverlässiger und schneller als jeder Operateur auf derartige, im Programm erfaßte Fehlerzustände reagieren. Wesentlich ist ferner die Entlastung der Bedienungspersonen von einfachen Steuer- und Kontrolloperationen, die insbesondere bei Langzeituntersuchungen sehr ermüdend und uneffektiv sind.

Die Einbeziehung des Digitalrechners in die Meßapparatur setzt die Erfüllung einiger wichtiger Bedingungen voraus. Die von den Meßwertaufnehmern und Zustandsmeldern abgegebenen Signale müssen in elektrischer Form vorliegen, z. B. Strom oder Spannung, oder eine elektrische Größe modulieren, beispielsweise Widerstand, Frequenz oder Kapazität. Elektrische Digitalsignale von Schalterfeldern, Endlagenschaltern, Zählerregistern, Winkelkodierern u. ä. werden über Digital-Eingaberegister und den Ein/Ausgabe-Kanal des Digitalrechners vom

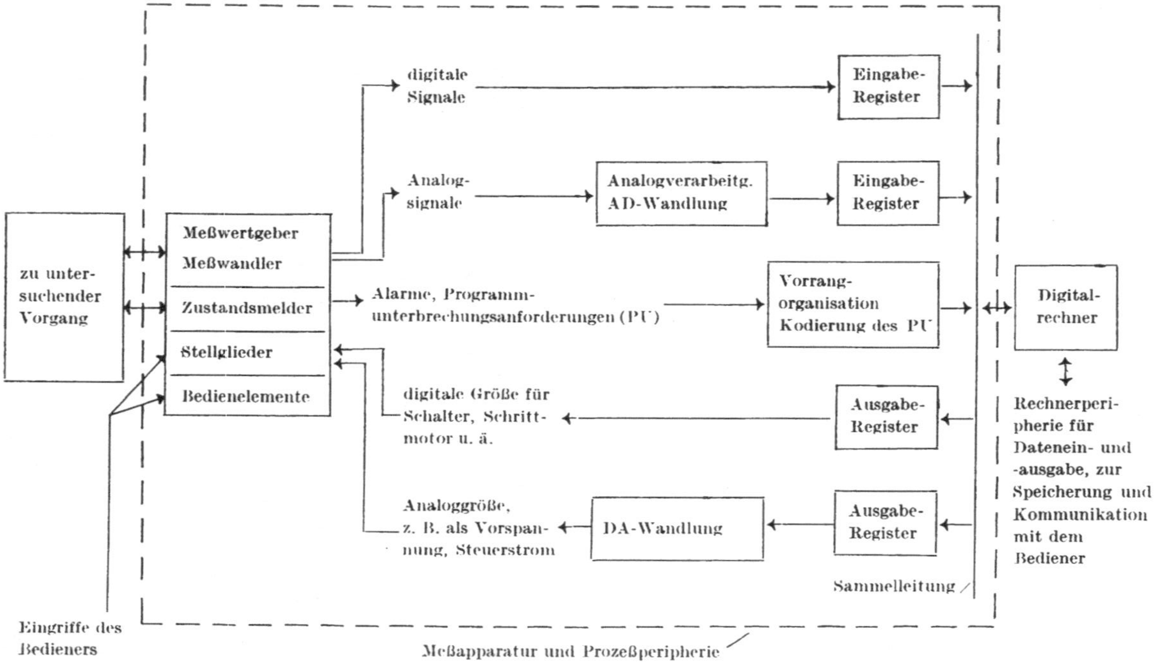


Abb. 1. Grundstruktur einer rechnergekoppelten Meßanordnung

Rechnerprozessor zur Auswertung und/oder Speicherung übernommen (Abb. 1). Elektrische Analogsignale müssen vor ihrer Eingabe in den Rechner digitalisiert werden. Langsam veränderliche Analoggrößen tastet man periodisch ab und digitalisiert die Probenwerte. Abtastfrequenz und Digitalisierung überstreichen einen weiten Bereich von weniger als 1 Hz bis über 10 kHz bei einer Umsetzung nach meistens 8 bis 12 bit. Bei Detektoren für Partikelstrahlung, z. B. Szintillationszähler oder Halbleiterdetektoren, stellt die Impulshöhe die zu digitalisierende Analoggröße dar; auch hier sind Analog-Digital-Wandler für maximal 12 bit gebräuchlich.

Im Rechner kann das laufende Programm unterbrochen werden, wenn es von einem Zustandsmelder gefordert wird. Dies braucht kein ernsthafter Fehler zu sein, sondern kann die Meldung darstellen, daß ein bestimmter Endzustand erreicht ist, ein Zählerregister gefüllt wurde oder die Bereitschaft für die Ausführung eines weiteren Verarbeitungsschritts vorliegt. Eine entsprechende Vorrangorganisation sorgt dafür, daß die Bearbeitung der Programmunterbrechungsanforderungen nach den Wünschen des Bedieners erfolgt, d. h., von ihm wird der Vorrang für die Bearbeitung festgelegt.

Der Rechner kann digitale Daten ausgeben, die nach Darstellung auf geeigneten Sichtelementen dem Bediener Hinweise über den aktuellen Stand der Untersuchung, vor allem aber auch über notwendige Eingriffe in die Apparatur geben können. Über Ausgaberegister können auch Schalter, Schrittmotoren u. a. betätigt werden, die als Stellglieder wirken. Analog anzusteuernde Stellglieder und Ausgabeeinheiten setzen einen Digital-Analog-Wandler für die Umsetzung der digitalen Ausgabedaten des Rechners voraus.

Bei der Realisierung einer rechnergekoppelten Meßapparatur müssen umfangreiche Teilaufgaben gelöst werden:

— Bereitstellung elektrischer Signale durch die Meßwertaufnehmer, gegebenenfalls auch unter Zuhilfenahme von Meßwandlern;

- Aufbau der Geräte zur Eingabe der Digital- und Analoginformationen in den Rechner sowie für die Übertragung der Programmunterbrechungssignale;
- Stellglieder zur Beeinflussung der Anordnung durch den Rechner, wenn man eine on-line-Kopplung mit geschlossener Schleife fordert;
- Programmierung des Rechners mit Berücksichtigung möglicher Fehlerzustände.

Für die Gerätetechnik haben sich im Rahmen der industriellen Meß-, Steuer- und Regelungstechnik mit Prozeßrechnern gewisse Standardlösungen herausgebildet. Diese sogenannte Prozeßperipherie ist auch für viele Anwendungen im Laboratorium und Prüffeld geeignet. Der Aufbau einer rechnergekoppelten Meßanordnung setzt daher frühzeitig eine Entscheidung über die eventuell zu benutzende Prozeßperipherie und über das in Frage kommende Interface voraus. Das Interface legt im hier gebrauchten Sinn die elektrischen, logischen und teilweise auch die konstruktiven Bedingungen fest, um z. B. die Register in Abb. 1 über die Sammelleitung mit dem programmgesteuerten Ein/Ausgabe-Kanal des Rechners zu verbinden. Angesichts der Bedeutung dieser Fragen ist eine umfassende Übersicht über die Möglichkeiten und Grenzen einzelner Standard-Interfaces und Gerätesysteme der Prozeßperipherie erforderlich, wenn man später sehr aufwendige Umstellungen der Gerätetechnik vermeiden möchte.

Für den Aufbau eines rechnergekoppelten Meßsystems sind auch einige wichtige Parameter des Digitalrechners und vor allem Umfang und Art der vom Rechnerhersteller angebotenen Software einzuschätzen. Die rechnergekoppelte Meßanordnung kann im Prinzip nur das leisten, was im Programm enthalten ist. Dies wirkt sich sehr erschwerend aus, wenn Modifikationen des Meßablaufs erforderlich sind und das Programm nur unzureichende Möglichkeiten der leichten und schnellen Änderung einzelner Teile bietet. Im Gegensatz zu Prozeßrechnern in industriellen Einsatzfällen mit jahrelang unverändertem Programm und gleichbleibender Anlage spielt diese Änderungsmöglichkeit im Laborbetrieb eine sehr wichtige, aber nicht immer genügend beachtete Rolle. Anfänglich wird auch häufig übersehen, daß sich die Kosten für die Gerätetechnik und für die Programme ungefähr die Waage halten bei einer starken Tendenz zur Verschiebung in Richtung höherer Programmierungskosten.

Im folgenden werden zunächst Eigenschaften von Kleinrechnern besprochen. Anschließend sind die wichtigsten Standard-Interfaces für die Übertragung von Meßdaten dargestellt. Hinsichtlich der Prozeßsteuer- und -regelungstechnik mit Prozeßrechnern im industriellen Einsatz muß auf die umfangreiche Literatur verwiesen werden, z. B. [3, 9, 21, 27].

# 2. Kleinrechner

## *2.1. Allgemeiner Aufbau und Eigenschaften*

Für die unmittelbare Kopplung der Meßapparatur mit einem Rechner haben sich Kleinrechner, auch Kleinsteuer-, Mini- oder Kompaktrechner genannt, seit Mitte der sechziger Jahre sehr gut bewährt. Ihnen werden folgende Aufgaben übertragen:

- Datensammlung im Arbeitsspeicher des Rechners und gegebenenfalls Organisation der Speicherung in externen Großraumspeichern (Magnetplatte, Magnetband);
- Datenaufbereitung und Datenverdichtung, z. B. Akkumulation der Meßwerte zu Spektren, Tests auf die Einhaltung logischer Bedingungen, Ermittlung statistischer Kenngrößen und Korrekturrechnungen;
- Datenausgabe auf maschinell lesbare Datenträger, zur visuellen Darstellung auf Sichtschirmen und als Ausdruck, eventuelle on-line Übertragung zu einem größeren Rechner;

— Auswertung von Monitorsignalen zur Kontrolle und Überwachung der Arbeit des Meßsystems sowie Ausgabe von Steuersignalen und Befehlen für einen weitgehend automatisierten Ablauf der Messungen.

Die Grundstruktur eines Kleinrechners (Abb. 2) zeigt die Hauptbestandteile Rechenwerk, Steuerung, Arbeitsspeicher und Ein/Ausgabe-Kanäle mit Unterbrechungslogik. Der Datenverkehr findet bei Kleinrechnern mit

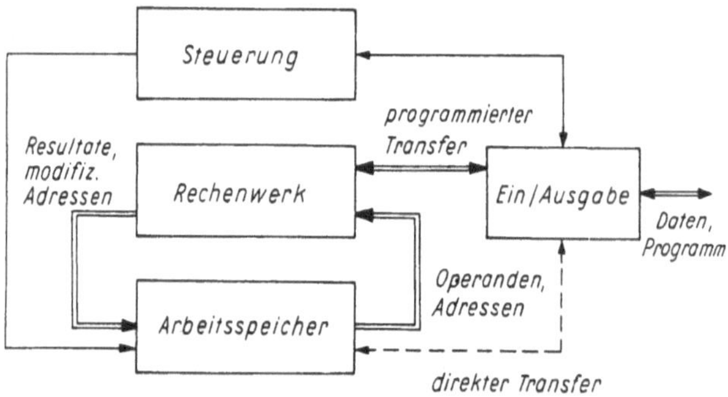


Abb. 2. Grundsätzlicher Aufbau eines Digitalrechners

klassischer Architektur, z. B. PDP-8, im wesentlichen auf voneinander getrennten Kanälen statt. Die moderneren Rechner besitzen eine einfache oder doppelte Busstruktur, bei der die einzelnen Funktionseinheiten des Rechners als Moduln, bestehend aus einer oder mehreren Leiterkarten, über geeignete Schnittstellen an diese Sammelleitungen angeschlossen sind. Vorteilhaft sind die übersichtliche Gesamtstruktur des Rechners, die erleichterte Austauschbarkeit technisch überholter Einheiten und die Möglichkeit einer relativ einfachen Erweiterung vor allem der Ein/Ausgabe-Kanäle (Interface-Leiterkarten). Die Mikroprogrammierung, die z. B. bei einigen EDVA der ESER-Reihe verwendet wird, findet zunehmend Eingang in Kleinrechner. Sie vereinfacht die Logik des Rechenwerks und bringt dem Nutzer bei geringeren Rechnerkosten leistungsfähige Befehlssätze. Die Mikroprogrammierung eines Kleinrechners durch den Anwender mit einem Instruktionssatz, der optimal seinem Einsatzfall angepaßt ist, wird auch in absehbarer Zeit die Ausnahme bleiben. Neuere Kleinrechner enthalten auch ein Stack-Register, das als Stapel- oder Kellerspeicher sehr effektiv Daten und Rücksprungadressen für Unterprogramme und Programmunterbrechungen speichert und große Vorteile bei der Übersetzung problemorientierter Sprachen bietet. Ein Stack-Register stellt eine Gruppe nicht adressierter Register dar, die insgesamt über einen Ein- und Ausgang verfügen, der von einem Stack-Pointer verwaltet wird. Das zuletzt hinzugefügte Wort (push-Operation, z. B. Programmzählerstand beim Sprung in ein Unterprogramm) wird als erstes Wort wieder gelesen (pop-Operation, hier also die Rücksprungadresse zur Fortsetzung des unterbrochenen Programms): last-in-first-out-Speicher. Zur Zeit überwiegen noch Ferritkernspeicher als Arbeitsspeicher, doch steigt der Anteil der Halbleiterspeicher durch die Fortschritte der Technologie schnell an.

Für die Kommunikation des Rechners mit dem Meßsystem einerseits und mit dem Bediener andererseits sind leistungsfähige Ein/Ausgabe-Kanäle erforderlich. Beim programmgesteuerten Datentransfer (programmed data transfer, PDT) erfolgt der Datentransport zwischen Arbeitsspeicher und angeschlossenem Gerät über das Rechenwerk (Akkumulator, Operandenregister) unter Steuerung durch das Rechnerprogramm. Beim direkten Speicherkanal (direct memory access, DMA; autonomous data transfer, ADT; externer Speicherkanal, ESK) wird der Datentausch von einer entsprechenden Steuerlogik unter Umgehung des Rechenwerks abgewickelt, das während dieser Zeit ruht und seine Registerinhalte nicht verändert. Der programmgesteuerte Transfer wird vorwiegend zur Ein-Wort-Übertragung benutzt, insbesondere wenn im Rechenwerk eine Datenmanipulation erforderlich ist. Der direkte Transfer eignet sich vor allem für den schnellen Austausch großer Datenblöcke, z. B. Übertragungen von oder zum Magnetplattenspeicher. Die maximale Übertragungsgeschwindigkeit wird von der Zykluszeit des Speichers begrenzt. Ein Sonderfall des direkten Speicherkanals ist der Inkrementierungseingang. Der Inhalt der adressierten Speicherzelle wird hierbei ohne Mitwirkung des Rechenwerks um 1 erhöht — dies ist sehr vorteilhaft bei der Akkumulation von Häufigkeitsverteilungen und Impulshöhenspektren anwendbar. Die zu inkrementierende Speicherzelle ergibt sich als Summe aus der konstanten Anfangsadresse (Lage des Nullpunktes des Spektrums im Arbeitsspeicher) und aus dem eintreffenden digitalisierten Ereignis; die Summe wird in einer Steuereinheit gebildet, die man zu Beginn durch einen programmierten Transfer mit der Anfangsadresse des Spektrums lädt.

Wesentlich für den on-line Einsatz eines Rechners ist die Annahme von Programmunterbrechungsanforderungen zur Auslösung von Bedienroutinen für ein bestimmtes Gerät, für die Entgegennahme von Alarmmeldungen und Kommandos durch den Bediener usw. Besonders günstig ist eine Unterbrechungslogik mit mehreren Ebenen und

Tabelle 1

Eigenschaften von Kleinrechnern

| Parameter | Realisierung |
|---|---|
| **Rechen- und Steuerwerk** | |
| Parallelwortverarbeitung | |
| feste Wortlänge | 8, 12, 16, 24 bit, meist 16 bit |
| Anzahl der Instruktionen | 50 ··· > 200 |
| Akkumulatorregister | 1, oft auch mehrere |
| direkte Adressierbarkeit von Speicherplätzen | 256 bis > 1024 |
| Dauer einer Addition zweier Dualzahlen | 1 ··· 5 μs |
| verdrahtete Logik für Multiplikation und Division | teilweise vorhanden bzw. nachrüstbar |

Tabelle 1 (Fortsetzung)
Eigenschaften von Kleinrechnern

| Parameter | Realisierung |
|---|---|
| **Arbeitsspeicher** | |
| Kapazität (1 K = $2^{10}$ = 1024 Worte) | 4, 8, 16, 32 K, meist modular aufgebaut und nachrüstbar |
| Zykluszeit bei Ferritkernspeichern | 1 bis 2 µs |
| Halbleiterspeicher | < 0,5 µs und $\gtrsim$ 2 µs je nach Technologie |
| Speicherschutz und Paritätskontrolle | bei mittleren und größeren Kleinrechnern |
| **Ein/Ausgabe-Kanäle** | |
| programmgesteuerter Kanal | Anschlußeinheiten für bestimmte Interface-Standards (z. B. Sif 1000, SI 2.2, SI 1.2, CAMAC) |
| direkter Speicherkanal | bis etwa 5 · $10^5$ Worte/s, bei mehr als 1 peripherem Gerät Multiplexer |
| Programmunterbrechungsanforderungen | Sammelkanal, mehrere Ebenen mit wählbarer Priorität (4 bis > 64) |
| **Peripherie** | |
| Grundausstattung | Lochbandleser und -stanzer, Bedien(fern)schreibmaschine |
| Datendarstellung und -ausgabe | Sichtschirm für alphanumerische Zeichen, Zeichner, Drucker |
| externe Speicher | Magnetbandkassette, Floppy-Disk, Magnettrommel, -platte und -band |
| Prozeßperipherie | Analog-Digital- und Digital-Analog-Wandler, Meßstellenumschalter, Register, Zähler u. a. m. |
| **Programme** (Software) | |
| Grundpaket | Assembler (Übersetzung des Quellprogramms im Assemblercode in das Objektprogramm)<br>Editor (Korrekturprogramm)<br>Ladeprogramm<br>mathematische und andere Standardprogramme |
| Echtzeit-Betriebsprogramm | beim Einsatz als Prozeßrechner |
| Übersetzer für problemorientierte Programmiersprachen (z. B. FORTRAN, BASIC, ALGOL) | teilweise vom Rechnerhersteller angeboten |

Tabelle 2

Ausgewählte Parameter einiger Rechner[1])

| Rechnertyp<br>Hersteller | TPA-1001/i<br>KFKI, VR Ungarn | TPA-70/25<br>KFKI, VR Ungarn | KRS 4200[4])[6])<br>Robotron, DDR | PRS 4000[4])<br>Robotron, DDR |
|---|---|---|---|---|
| **Rechenwerk** | | | | |
| Wortlänge, bit | 12 | 16 | 16 | 16 |
| Anzahl der Instruktionen | > 500 | | 53[5]) | 96 |
| Festkommaoperationen: | | | | |
| Addition, µs | 3 | 1 | 2,6 | 2,2 |
| Multiplikation, µs | 250[2]); 8,5[3]) | 10 | 210[2]) | 10,5 |
| Division, µs | 300[2]); 8,5[3]) | 10 | 325[2]) | 12,1 |
| Gleitkommaoperationen: | | | | |
| Addition, µs | 900[2]); 350[3]) | 50···100[2]) | 650[2]) | |
| Multiplikation, µs | 1800[2]); 300[3]) | 60···200[2]) | 1820[2]) | |
| Adressierungsarten | direkt (2 Seiten), indirekt, Indexierung | direkt, indirekt, Stackpointer, Indexierung u. a. | direkt (2 Sektoren), indirekt, Indexierung | direkt (2 Sektoren) indirekt, Indexierung |
| **Ferritkern-Arbeitsspeicher** | | | | |
| Kapazität, Worte | 4···32 K | 8···28 K | 8 K, 16 K | 16 K, 32 K |
| Wortlänge, bit | 12 + 1 (Parität) | 16 + 2 (Parität) | 16 | 16 + 2 (Parität) |
| Zykluszeit, µs | 1,5 | 1 | 1,3 | 1 |
| Organisation | Seiten, je 128 Worte | | Sektoren, je 512 Worte | Sektoren, je 512 Worte |

Tabelle 2 (Fortsetzung)

| Rechnertyp<br>Hersteller | TPA-1001/i<br>KFKI, VR Ungarn | TPA-70/25<br>KFKI, VR Ungarn | KRS 4200[4])[6])<br>Robotron, DDR | PRS 4000[4])<br>Robotron, DDR |
|---|---|---|---|---|
| **Ein/Ausgabe-Kanäle** | | | | |
| Programmierte E/A-Anschlußsteuerungen | max. 440 Geräte anschließbar; CAMAC, CCITT V 24, max. $1{,}8 \cdot 10^6$ bit/s | Anschluß am „Miobus", max. $2{,}5 \cdot 10^5$ byte/s | 3 bis 4 Anschlußsteuerungen, Sif 1000, SI 2.2, SI 1.2, CAMAC u. a. | Zahlreiche Anschlußsteuerungen; Sif 1000, SI 2.2, SI 1.2 u. a. |
| Direkter Speicherzugriff | max. $6 \cdot 10^6$ bit/s, optimal $2 \cdot 10^6$ bit/s | mit 8 Prioritätsniveaus, max. $2 \cdot 10^6$ byte/s | für 1 Gerätesteuereinheit | Selektorkanal, Multiplexkanal |
| Programmunterbrechungskanäle | 1 | 8 | 18 extern (2 für Echtzeituhr) | 18 extern |
| **Software** | | | | |
| Assembler | SLANG 2 | SALT 70<br>Macro-Prozessor | SYPS 4200<br>(SUP 4200) | SYPS 4000<br>(SUP 4000) |
| Compiler | FORTRAN IV<br>FOCAL<br>BASIC<br>MINIBOL<br>(MiniCOBOL)<br>ALGOL | FORTRAN IV<br>BASIC 70<br>u. a. | DIWA 4200<br>FOR 4200<br>(FORTRAN)<br>Echtzeitsteuerprogrammsystem<br>ESKO 4200 | DIWA 4000<br>FOR 4000<br><br><br>ESKO 4000 |

Fußnote zu Tabelle 2

[1]) nach Firmenprospekten und [20, 21, 53]
[2]) mit Unterprogramm
[3]) mit zusätzlicher Arithmetiklogik
[4]) die Rechner 4200 und 4000 bilden den Kern des Kleinrechnersystems KRS 4200 und des Prozeßrechnersystems PRS 4000
[5]) Untermenge der Instruktionen des PRS 4000
[6]) die weiterentwickelte Variante KRS 4201 unterscheidet sich bei voller Programmkompatibilität vom KRS 4200 in folgenden wesentlichen Punkten [53]: maximal 16 Anschlußsteuerungen am programmierten E/A-Kanal, direkter Speicherkanal für 3 Gerätesteuereinheiten, Erfüllung der ESER-Bedingungen hinsichtlich Konstruktion und Umgebungsbedingungen, Kopplungsmöglichkeit mit anderen ESER-Rechnern, Bezeichnung EC 8404.

die Zuordnung eines Vorrangs (Priorität) für die Abarbeitung der einzelnen Unterbrechungsforderungen.

Für die Labor- und Prüffeldautomatisierung und für viele andere Anwendungsfälle haben sich Kleinrechner bewährt, deren Eigenschaften den Angaben in Tabelle 1 entsprechen; für zusammenfassende Angaben über viele Rechnertypen s. z. B. [24, 51]. Nach „unten" schließen sich die Mikrorechner an, die typische Wortlängen von 8 bit aufweisen und wegen der vielfach nur geringen Speicherkapazität zur Programmübersetzung größere Wirtsrechner benötigen [25, 52]. Die als Prozeßrechner bezeichneten Rechner übersteigen meist die Leistungsfähigkeit von Kleinrechnern nach Tabelle 1.

In Tabelle 2 sind einige Daten von parallel arbeitenden Klein- und Prozeßrechnern aufgeführt, die in der DDR eingesetzt sind.

## 2.2. *Befehlsablauf*

Die Entwicklung rechnergekoppelter Meßsysteme, die Modifikation einer vom Hersteller vorgegebenen Betriebsweise sowie die Erkennung und Beseitigung fehlerhafter Zustände setzen einige Kenntnisse über den Programmablauf des betreffenden Rechners, über die Befehls- und Datenformate und vor allem über die Funktion und Programmierung der Ein/Ausgabe-Kanäle voraus. Abb. 3 zeigt den prinzipiellen Ablauf eines Befehls (Instruktion) im Rechner, allerdings ist die Darstellung stark vereinfacht. In der ersten Phase wird die Instruktion aus der Zelle des Speichers, deren Adresse $n$ im Programm- oder Befehlszähler steht, gelesen (Abruf, fetch). Anschließend wird der Befehlszähler inkrementiert, damit nach Ablauf der Befehlsbearbeitung die nächste Instruktion aus der nachfolgenden Speicherzelle ($n + 1$) geholt werden kann. Weist der Operationsteil der Instruktion einen speicherbezogenen Befehl aus, so schließt sich bei direkter Adressierung ein weiterer Speicherzyklus, bei indirekter und/

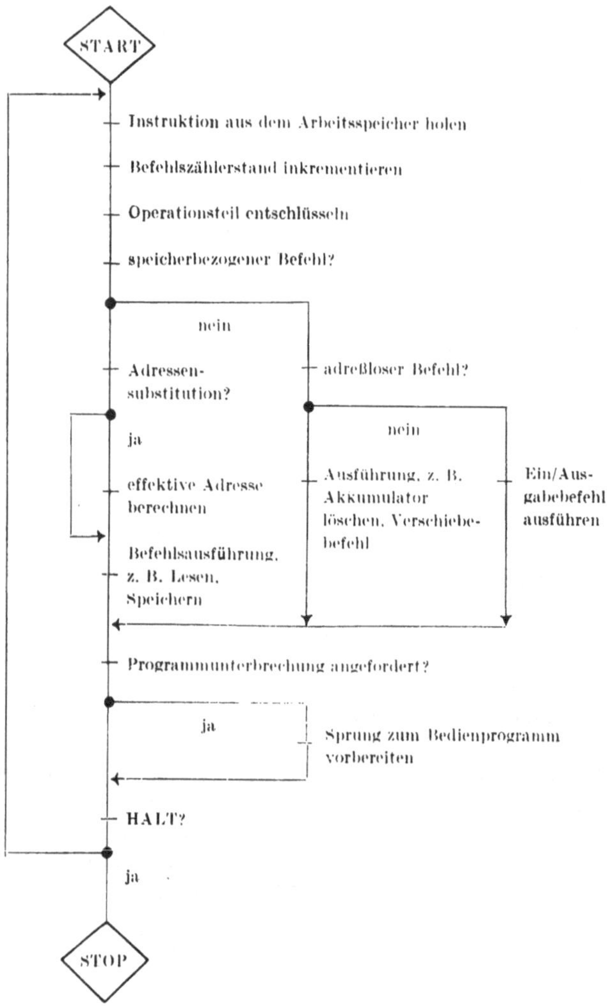


Abb. 3. Prinzipieller Ablauf eines Rechnerbefehls

oder indexierter Operation eine Folge von Speicherzyklen an, bis der Operand im Akkumulator des Rechenwerks vorliegt (vergleiche Abb. 4). Die Ausführungsphase (execution) schließt die Ausführung der Instruktion ein, also eine arithmetische oder logische Operation, eine Ein/Ausgabe-Operation oder die Veränderung des Befehlszählerinhalts bei Sprung- und Verzweigungsbefehlen. Eine Programmunterbrechungsanforderung wird erst nach Abarbeitung der Instruktion, die momentan vom Rechner ausgeführt wird, berücksichtigt.

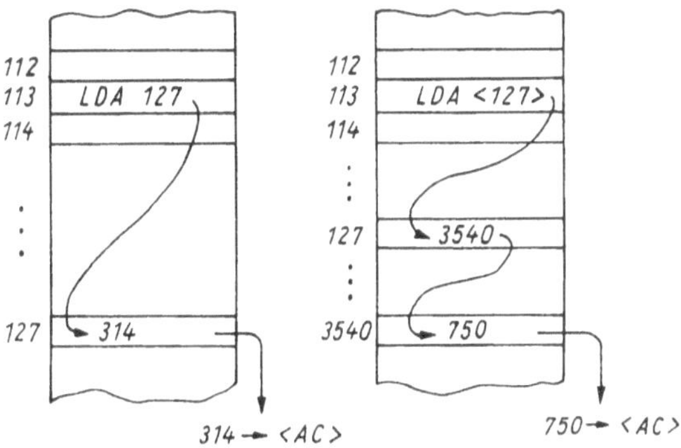


Abb. 4. Lesen einer Arbeitsspeicherzelle in den Akkumulator;
a: direkte Adressierung,
b: indirekte Adressierung; der Adressenteil der Instruktion enthält die Adresse der Zelle, deren Inhalt gleich der Operandenadresse ist

Das Daten- und Befehlsformat legt die Bedeutung der einzelnen Wortstellen des Rechnerworts fest. Im Rechner KRS 4200 werden 15 bit zur Zahlendarstellung und 1 bit für das Vorzeichen benutzt (Abb. 5); folglich ist der Bereich für ganze Zahlen (Integer) $-2^{15} \cdots +(2^{15} - 1)$ bzw. $-32768 \cdots +32767$. Operationen mit Festkommazahlen einfacher und doppelter Genauigkeit, mit Gleitkommazahlen einfacher und doppelter Genauigkeit und mit Zahlen in gemischter Darstellung müssen durch das Rechen-

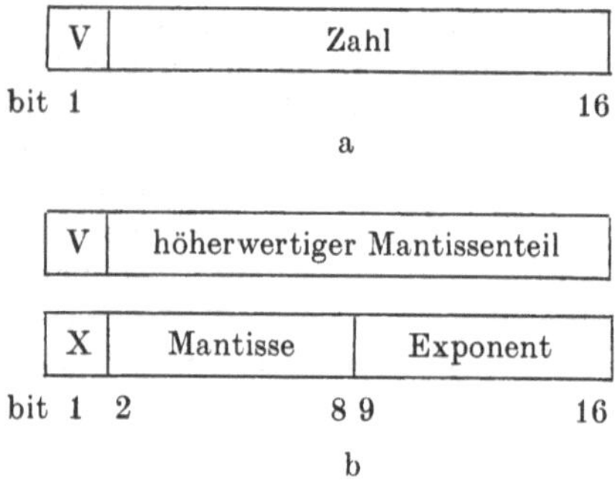


Abb. 5. Datenformate des KRS 4200 (Auswahl);
a: Integerzahl,
b: Gleitkommazahl einfacher Genauigkeit,
V Vorzeichenbit, V = 1 für negative Zahlen, X nicht ausgewertet

programm auf Operationen von 16 bit Worten zurückgeführt werden — dies erfolgt beim Übersetzen von Quellprogrammen aus der Assemblersprache oder einer anderen problemorientierten Sprache in die Maschinensprache.

Die Befehle des KRS 4200 enthalten in den 4 Stellen bit 3 bis 6 den Operationscode (Abb. 6). Bei speicherbezogenen Befehlen wird bit 1 bei indirekter Adressierung und bit 2 bei einer Indexoperation gesetzt. Der Adressenvorrat von 9 Stellen in bit 8 bis 16 erlaubt die Adressierung eines Sektors von $2^9 = 512$ Speicherzellen. Mit dem Sektorbit 7 kann man festlegen, ob sich die Adresse auf den Nullsektor (Speicheradresse absolut $0 \cdots 511$ bzw. $0 \cdots 777_8$) oder auf den laufenden Sektor bezieht, in dem sich der gerade bearbeitete Befehl befindet (Speicheradresse relativ zum Sektoranfang $0 \cdots 511$). Auf diese Weise sind 1024 Zellen direkt adressierbar. Den Übergang zwischen verschiedenen Sektoren erreicht man durch eine indirekte Adressierung über eine Verbindungszelle im Nullsektor. Diese Adressierungsart wird bei den meisten Kleinrechnern

| bit | 1 | 2 | 3 | 4 | 5 | 6 | 7 | 8 | 9 | 10 | 11 | 12 | 13 | 14 | 15 | 16 | Befehlswort |
|---|---|---|---|---|---|---|---|---|---|---|---|---|---|---|---|---|---|
| | | | Operations-Code | | | | | | | | | | | | | | speicherbezogene Befehle: |
| | I | X | 0 | 0 | 0 | 1 | S | (Unbedingter Sprung) | | | | | | | | | SUN (01) |
| | | | 0 | 0 | 1 | 0 | | (Addiere zum Akku-Inhalt) | | | | | | | | | LDA (02) |
| I = indirekte Adresse | | | 0 | 0 | 1 | 1 | | (logisches UND mit Akku) | | | | | | | | | UND (03) |
| | | | 0 | 1 | 0 | 0 | | (Speichere Akku-Inhalt ab) | | | | | | | | | SPA (04) |
| | | | 0 | 1 | 0 | 1 | | | | | | | | | | | EXO (05) |
| X = Indexbit | | | 0 | 1 | 1 | 0 | | 9 bit-Speicheradresse | | | | | | | | | ADD (06) |
| S = Sektorbit | | | 0 | 1 | 1 | 1 | | | | | | | | | | | SUB (07) |
| | | | 1 | 0 | 0 | 0 | | | | | | | | | | | SUS (10) |
| | | | 1 | 0 | 1 | 0 | | | | | | | | | | | ZUN (12) |
| | | | 1 | 1 | 0 | 1 | | | | | | | | | | | LDX, SPX (15) |
| Registerbefehle | 1 | 1 | 0 | 0 | 0 | 0 | unterschiedliche Bedeutung | | | | | | | | | | adreßlose Befehle |
| Verschiebefehle | 0 | 1 | | | | | | | | | | | | | | | |
| Verzweigungen | 1 | 0 | | | | | | | | | | | | | | | |
| ERU, VHU, HLT | 0 | 0 | | | | | | | | | | | | | | | |
| SMA, AVA | 1 | 1 | 1 | 1 | 0 | 0 | 4 bit-Funktionscode | | | | 6 bit-Geräteadresse | | | | | | E/A-Befehle |
| UMS | 0 | 1 | | | | | | | | | | | | | | | |
| ENA | 1 | 0 | | | | | | | | | | | | | | | |
| ASI | 0 | 0 | | | | | | | | | | | | | | | |

Abb. 6. Befehlsformat des KRS 4200/4201

verwendet, um im kurzen Rechnerwort den Operationscode und die Adresse unterbringen zu können. Die Prozessoren vieler Mikrorechner besitzen andererseits bei nur 8 bit Wortlänge (1 byte) unterschiedlich lange Instruktionen: in einem 3 byte oder 24 bit langen Befehl kann man einen Operationscode mit 8 bit und eine 16 bit lange Adresse für die direkte Adressierung von maximal 64 K Worten unterbringen.

Bei nicht-speicherbezogenen Befehlen des KRS 4200 stehen die Wortstellen bit 1, 2 und 7 bis 16 für die Spezifizierung der Instruktion zur Verfügung, z. B. auch zur

Tabelle 3

Für Digitalrechner benutzte Zahlensysteme
(bei Verwechslungsmöglichkeiten Angabe der Basis als Index)

| Dezimalsystem $\Sigma\, a_\nu \cdot 10^n$; $a_\nu = 0; \ldots ; 9$ | Dualsystem $\Sigma\, b_\nu \cdot 2^n$; $b_\nu = 0; 1$ | Oktalsystem $\Sigma\, c_\nu \cdot 8^n$; $c_\nu = 0; \ldots ; 7$ | Hexadezimalsystem $\Sigma\, d_\nu \cdot 16^n$; $d_\nu = 0; \ldots ; F$ |
|---|---|---|---|
| 0 | 0 | 0 | 0 |
| 1 | 1 | 1 | 1 |
| 2 | 10 | 2 | 2 |
| 3 | 11 | 3 | 3 |
| 4 | 100 | 4 | 4 |
| 5 | 101 | 5 | 5 |
| 6 | 110 | 6 | 6 |
| 7 | 111 | 7 | 7 |
| 8 | 1000 | 10 | 8 |
| 9 | 1001 | 11 | 9 |
| 10 | 1010 | 12 | A |
| 11 | 1011 | 13 | B |
| 12 | 1100 | 14 | C |
| 13 | 1101 | 15 | D |
| 14 | 1110 | 16 | E |
| 15 | 1111 | 17 | F |
| 16 | 10000 | 20 | 10 |
| 17 | 10001 | 21 | 11 |
| ⋮ | ⋮ | ⋮ | ⋮ |
| 63 | 111111 | 77 | 3F |
| 64 | 1000000 | 100 | 40 |
| 65 | 1000001 | 101 | 41 |
| ⋮ | ⋮ | ⋮ | ⋮ |

Angabe einer Geräteadresse und des Funktionscodes für eine Ein/Ausgabe-Operation.

Die Maschineninstruktionen stellen eine unübersichtliche Folge von 0 und 1 dar; sie sind besser zu handhaben, wenn man jeweils 3 zusammenhängende Dualstellen zu einer Oktalzahl 0 bis $7_8$ oder 4 Dualstellen zu einer Hexadezimalzahl 0 bis $F_{16}$ zusammenfaßt (Tabelle 3); die letztere Darstellungsform ist bei Mikrorechnern sehr gebräuchlich, hat aber den Nachteil, daß sich mehrstellige Zahlen im Gegensatz zu den Oktalzahlen nicht wie Dezimalzahlen sprechen (und merken) lassen. Weitaus übersichtlicher ist eine symbolische Schreibweise der Befehle (Assemblersprache) mit geeignet gewählten Abkürzungen, die sich auf den Befehlsinhalt beziehen (mnemonische Ausdrücke); in Abb. 6 sind einige Beispiele aufgeführt. Beim KRS 4200 erlaubt die Assemblersprache SYPS 4200 außerdem die Zuweisung symbolischer Adressen zu Speicherplätzen und die Verarbeitung zusammengesetzter Ausdrücke im Variablenfeld einer Instruktion (Programmzeile). Mit dem Übersetzungsprogramm SUP 4200, das in mehreren Versionen mit und ohne Regie durch das Echtzeit-Steuerprogrammsystem ESKO 4200 vorhanden ist, erfolgt die Umwandlung der symbolischen Speicheradressen in effektive Adressen, die Berücksichtigung der Sektorgrenzen, die Behandlung von Steuerprogrammbefehlen und Pseudobefehlen zur Übersetzungs- und Ladesteuerung, zur Speicherplatzzuweisung u. ä. m. Man erkennt, daß die Assemblersprache maschinenorientiert ist. Bei dem im wesentlichen gleichen Grundanliegen der Assemblersprachen verschiedener Rechnertypen unterscheiden sich ihre Details sehr stark voneinander, so daß auch ein Vergleich der Leistungsfähigkeit der einzelnen Assemblersprachen sehr erschwert wird. Das abschließende Beispiel Abb. 7 einer Addition A + B = C mit den Zahlen A und B, hier als Dezimalzahlen 33 und 14 angenommen, mit Speicherung des Resultats in der Zelle C zeigt einerseits die große Erleichterung der Assemblerprogrammierung gegenüber der Maschinensprache, läßt

| Speicherzelle | Maschineninstruktion | zusammengefaßte Schreibweise | SYPS 4200 |
|---|---|---|---|
| | | | SSZ '200 |
| 200 | 0 000 100 010 000 100 | 00 02 0204 | LDA A |
| 201 | 0 001 100 010 000 101 | 00 06 0205 | ADD B |
| 202 | 0 001 000 010 000 110 | 00 04 0206 | SPA C |
| 203 | 0 000 000 000 000 000 | 0 | HLT |
| 204 | 0 000 000 000 100 001 | 000041 | A, 33 |
| 205 | 0 000 000 000 001 110 | 000016 | B, 14 |
| 206 | 0 000 000 000 000 000 | 0 | C, 0 |

Abb. 7. Programmierbeispiel A + B = C in der Maschinensprache und in der Assemblersprache SYPS 4200 des KRS 4200, SSZ Speicherplatzzuweisung

aber andererseits ahnen, um wieviel mühsamer eine Programmierung in einer maschinenorientierten Sprache, die den größten Teil der erforderlichen Rechenschritte angibt, im Vergleich zu einer problemorientierten Sprache wie FORTRAN oder ALGOL ist.

## 2.3. *Ablauf von Ein/Ausgabe-Operationen*

Für die Verbindung des Rechen- und Steuerwerks (Prozessor) eines Digitalrechners mit seinen Ein/Ausgabe-Einheiten bestehen mehrere Möglichkeiten. Beim Sternverkehr findet die Kopplung jeder E/A-Einheit mit dem Prozessor über separate Leitungsbündel statt (Abb. 8a). Der Linienverkehr besitzt eine bidirektionale Sammelleitung zum Anschluß der einzelnen Einheiten, der meist über eine sogenannte wired-OR-Verknüpfung erfolgt (Abb. 8b). Bei der Ringleitung wird eine unidirektionale Sammelleitung verwendet (Abb. 8c). Für die rechnerinterne Verbindung des Prozessors mit den E/A-Einheiten zum programmgesteuerten Datentransfer hat nur der Linienverkehr praktische Bedeutung, während die

Kopplung zwischen Arbeitsspeicher und Steuerlogik für den direkten Speicherkanal vom Prinzip her einen Sternverkehr darstellt [3, 6, 26, 27].

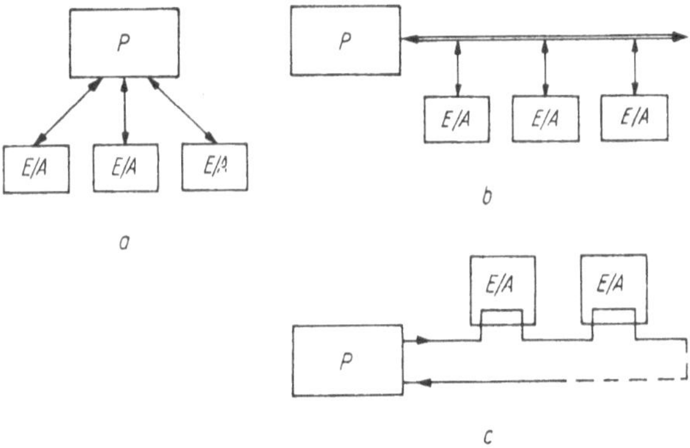


Abb. 8. Verbindung des Prozessors P mit den Ein/Ausgabe-Einheiten E/A; a: Sternverkehr, b: Linienverkehr, c: Ringleitung

**Programmgesteuerter Datentransfer.** Die bidirektionale Sammelleitung ermöglicht eine relativ leichte Erweiterungsmöglichkeit der Rechnerkonfiguration durch Anschlußsteuerungen. Moderne Kleinrechner sind auch in der mechanischen Konstruktion so ausgelegt, daß der Anwender durch Kauf geeigneter Interface-Leiterkarten oder durch Eigenentwicklung den Rechner aufrüsten und seinen Problemen optimal anpassen kann. Am häufigsten wird eine Rechnerstruktur mit getrennten Sammelleitungen für den Arbeitsspeicher und für die E/A-Einheiten benutzt (Abb. 9). Diese Variante ist bereits aus dem Befehlsformat des Rechners durch die Unterscheidung zwischen speicherbezogenen und E/A-Instruktionen erkennbar; die Unterscheidung entfällt bei einem einheitlichen Datenbus für Arbeitsspeicher und E/A-Anschlußeinheiten. Der gesamte Daten-und Befehlstransport auf den Sammelleitungen wird vom Prozessor gesteuert (vergleiche Abb. 8b). Dies trifft z. B. beim sogenannten Omnibus des PDP-8/e und für eine Reihe von Mikrorechnern zu. Beim sogenannten Universalbus oder Unibus der Rechner PDP-11 ist jeder der an den Bus angeschlossenen Blöcke wie Prozessor, Speicher oder E/A-Einheiten gleichberechtigt. Jeder Block kann die Steuerung für einen

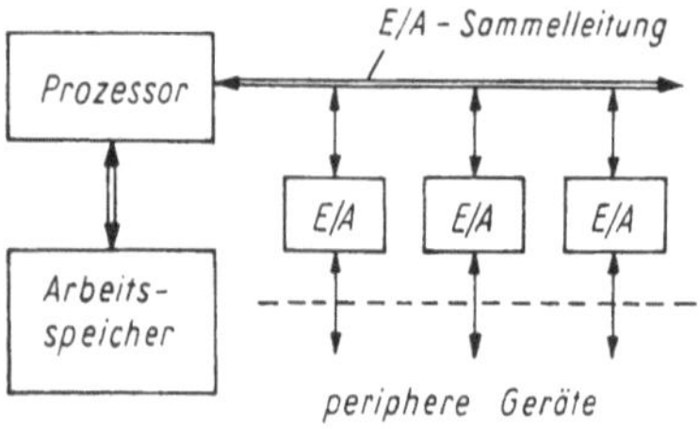


Abb. 9. Rechner mit getrennten Sammelleitungen für Speicher und Ein/Ausgabe-Einheiten

Datentransport anfordern. Eine Vorrangsteuerung sorgt für eine definierte Reihenfolge bei mehreren gleichzeitigen Anforderungen. Die ausführliche Beschreibung des sehr leistungsfähigen Unibus und der E/A-Einheiten findet man in [28].

Im folgenden wird der Aufbau einer E/A-Anschlußeinheit in einem Kleinrechner nach Abb. 9 beschrieben, weil hier viele Gemeinsamkeiten mit dem Aufbau von Gerätesteuerungen zum Anschluß an ein Standard-Interface für Linienverkehr, z. B. SI 2.2, CAMAC, zu erkennen sind. Nach der Entschlüsselung des Operationsteils einer Instruktion als E/A-Befehl gibt der Prozessor die Geräteadresse, den Funktionscode und Steuersignale auf die Sammelleitung und organisiert einen Datentransfer oder Operationen wie Setzen oder Löschen von Masken und Registern der E/A-Anschlußeinheit (Abb. 10). Der Adressendecoder der adressierten Anschlußeinheit spricht an und aktiviert den Funktionsdecoder und die Steuerlogik. Beispielsweise kann man die Übertragung eines Datenworts von einem peripheren Gerät zum Rechnerakkumu-

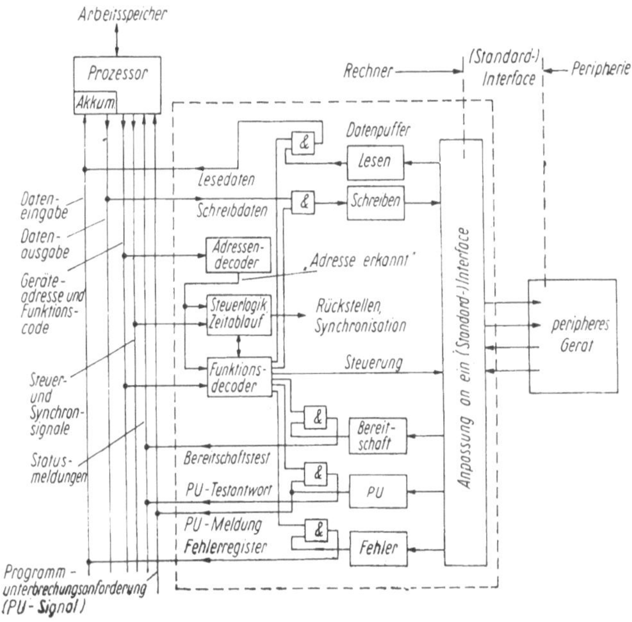


Abb. 10. Schematischer Aufbau einer Ein/Ausgabe-Anschlußsteuerung für programmgesteuerten Datentransfer

lator auslösen oder testen, ob die Anschlußeinheit mit dem angeschlossenen Gerät zum Empfangen oder Senden von Daten bereit ist (Bereitschaftsabfrage). Weiterhin ist eine Logik für Programmunterbrechungsanforderungen vorhanden, deren Funktion später erläutert wird. Oftmals enthält die E/A-Anschlußeinheit ein Fehlerregister; bestimmte Fehler wie peripheres Gerät defekt oder nicht eingeschaltet, Zeitüberschreitung, Paritätsfehler bei der Datenübertragung o. ä. setzen vereinbarte bit-Positionen und erlauben beim Auslesen des Fehlerregisters eine schnelle Fehlererkennung. Die Anschlußeinheit besitzt ferner eine Anpassungslogik mit Pegelwandlern, Steuersignalerzeugung und -verarbeitung, Pufferspeichern u. ä., die eine standardisierte Schnittstelle des Rechners erzeugt, d. h. den Übergang zu einem standardisierten Interface besorgt (s. Abschnitt 3).

Der Adressendecoder wird vom Hersteller der Anschlußeinheit auf eine oder mehrere feste Adressen eingestellt; dadurch kann man für den betreffenden E/A-Kanal einen mnemonischen Ausdruck vereinbaren und ihn in die Assemblersprache übernehmen. Das Betriebsprogramm des Rechners verwendet für die Bedienung der peripheren Geräte wie Schreibmaschine und Lochbandeinheiten Unterprogramme, die derartige E/A-Instruktionen mit festgelegter Adressenzuordnung aufweisen. Das gilt auch für den Aufbau eines Befehls- und Datenworts für ein Standard-Interface, wenn hierfür mehrere Rechnerworte benötigt werden, z. B. bei CAMAC mit 21 bit langen Befehlen und 24 bit langen Datenworten.

Bezüglich der Bereitschaftsmeldung der Anschlußsteuerung sind drei Fälle zu unterscheiden:

a) Das periphere Gerät ist ständig bereit, Daten aufzunehmen (z. B. Anzeigegerät) oder Daten zu senden (z. B. aktueller Impulszählerinhalt). In solchen Fällen braucht die E/A-Instruktion nicht mit einer Bereitschaftsabfrage gekoppelt zu werden.

b) Das Gerät ist nach Aufruf innerhalb von etwa 200 µs zur Datenübertragung bereit. Der Rechner verharrt in einer Warteschleife, bis die E/A-Instruktion bei eingetretener Bereitschaft erfolgreich durchgeführt werden kann. Mit dem E/A-Befehl (Speicherzelle $n$) ist ein Test verknüpft; bei nicht vorhandener Bereitschaft wird die nachfolgende Sprunginstruktion (Speicherzelle $n + 1$) ausgeführt, die einen Rücksprung zur Zelle $n$ und den erneuten Versuch der Ein/Ausgabe bewirkt. Nach eingetretener Bereitschaft läuft die E/A-Operation ab, die Sprunginstruktion in $(n + 1)$ wird übersprungen und das Programm an der Stelle $(n + 2)$ fortgesetzt. Die KRS 4200-Befehle ENA und AVA für die Ein- und Ausgabe sind für solche Warteschleifen geeignet.

c) Das Gerät ist für längere Zeit nicht bereit. Beispielsweise braucht eine Schreibmaschine größenordnungsmäßig 100 ms zum Drucken eines Zeichens. In solchen Fällen wird die Anschlußsteuerung mit einem Zeichen geladen und der Druckvorgang ausgelöst. Nach Beendigung der Druckoperation meldet die Schreibmaschine über die Anschlußeinheit durch ein Programmunterbrechungssignal, daß die Bereitschaft zur Datenannahme wieder vorhanden ist. Eine Warteschleife würde den Rechner für lange Zeiten blockieren.

**Externer oder direkter Speicherkanal (DMA).** Er ist für den direkten Datenverkehr zwischen dem Arbeitsspeicher

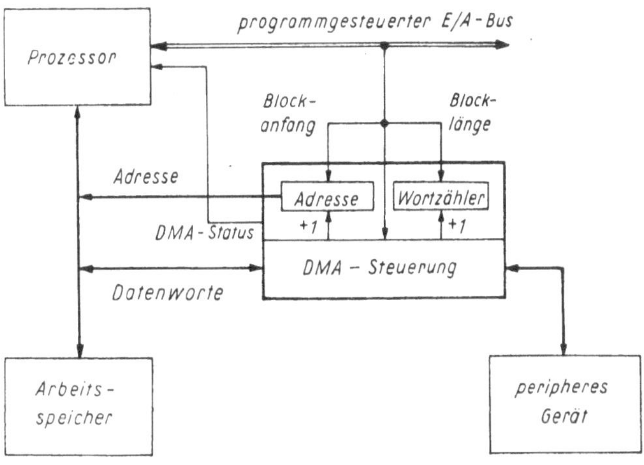


Abb. 11. Rechner mit direktem Speicherzugriff DMA im Einzyklus-Betrieb, Blockübertragung von Daten

des Rechners und einem peripheren Gerät vorgesehen (Abb. 11) und wird verwendet, wenn die Daten als Blöcke vorliegen, z. B. bei externen Magnetband-, Magnetplatten- und Magnettrommelspeichern sowie bei Bildschirmeinheiten, oder wenn es auf eine hohe Übertragungsgeschwindigkeit ankommt, beispielsweise bei der Abtastung von Signalen in Zeitintervallen von wenigen µs. In solchen Fällen erfolgt die programmierte Bearbeitung der Daten nach Abschluß der Messung oder in den Pausen bis zur nächsten Meßperiode. Der Datenverkehr mit dem Arbeitsspeicher umgeht den Prozessor, dessen Registerinhalte daher nicht beeinflußt werden. Während des direkten Speicherzugriffs ruht der Prozessor. Bei der Einzelwortübertragung im direkten Speicherkanal wird häufig die cycle-stealing-mode benutzt. Hierbei wird der Prozessor nur dann kurzzeitig angehalten, wenn er während des Zyklus eines direkten Zugriffs ebenfalls den Arbeitsspeicher aufrufen möchte. Anderenfalls wird der Prozessor nicht gestört, so daß sich die Rechenzeit insgesamt nur unwesentlich verlängert.

Der Aufbau der DMA-Steuerung hängt sehr stark von den Eigenschaften des Rechners und der anzuschließenden peripheren Geräte ab; eine Standardisierung ähnlich den Interfaces für den programmgesteuerten Datentransfer ist nicht in Sicht. Im wesentlichen kann man die folgenden Moden unterscheiden:

a) *Einzyklus*-DMA: Zu Beginn des direkten Speicherzugriffs wird über den programmierten Ein/Ausgabe-Kanal das Adressenregister der DMA-Steuerung mit der Blockanfangsadresse und der Wortzähler mit dem Zweier-Komplement der Blocklänge (Zahl der Worte) geladen. Das Adressenregister gibt die aktuelle Adresse für das betreffende Wort an und wird deshalb bei jeder Übertragung eines Worts inkrementiert. Der Wortzählerinhalt wird ebenfalls inkrementiert, bis er den Inhalt 0 annimmt und das Ende der Blockübertragung meldet.

b) *Dreizyklus*-DMA: Für die aktuelle Adresse und für die Wortzählung benutzt man zwei Arbeitsspeicherzellen, in die Blockanfangsadresse und Blocklänge eingeschrieben werden. Die Inkrementierung beider Zellen und die Wortübertragung erfordern also drei Speicherzyklen, so daß diese Übertragungsart dreimal langsamer als der Einzyklus-DMA ist. Andererseits ist die DMA-Steuereinheit weniger aufwendig — dies fällt vor allem dann ins Gewicht, wenn an den Rechner mehrere Geräte mit direktem Speicherzugriff anzuschließen sind.

Der programmgesteuerte Datentransfer PDT erfolgt entsprechend dem Programm auf Initiative des Prozessors, während der direkte Speicherzugriff DMA lediglich vom Rechner eingeleitet wird, dann aber selbständig abläuft. Verlangt ein äußeres Gerät einen Datenverkehr im DMA, der über PDT einzuleiten ist, muß es durch ein Programmunterbrechungssignal (PU-Signal, Interrupt) ein Bedienprogramm anfordern. Das Blockende kann ein PU-Signal auslösen.

**Anforderungen für Programmunterbrechungen (PU-Anforderungen).** Nach dem Entstehungsort kann man folgende Programmunterbrechungsanforderungen unterscheiden [27, 29]:

a) Interne PU-Anforderungen:
Prozessor: Netzspannungsausfall, Paritätsfehler, Wertüberschreitung (Überlauf), Division durch Null u. a.
Ein/Ausgabe-Steuerungen: Defektmeldungen von Geräten, Bereitschaftsmeldungen, Zeitgeberimpulse (Echtzeituhr).

b) Externe PU-Anforderungen der Rechner- und Prozeßperipherie:
Bereitschaftsmeldungen, Anforderungen für eine Datenein- oder -ausgabe, Grenzwertüberschreitung, Alarme bei fehlerhaften Betriebszuständen, Betätigung der Rechnerstarttaste u. a.

Schwerwiegende Fehler wie Netzspannungsausfall oder Defekte führen gewöhnlich zum Programmabbruch. Das Aufsummieren von Zeitgeberimpulsen erfolgt durch Inkrementieren der Zählzellen ohne Programmwechsel. In den meisten anderen Fällen ist jedoch ein Programmwechsel zum PU-Bedienprogramm notwendig. Das gilt auch für die Echtzeituhr, wenn sie zum Start eines Programms nach einer vorgegebenen Wartezeit (Differenzzeit) oder zu einer bestimmten Absolutzeit sowie zur Zeitüberwachung des Prozesses dient.

Bei einem *Programmwechsel* sind im wesentlichen folgende Teilaufgaben auszuführen:

- möglichst rasche Erkennung der Herkunft einzelner PU-Anforderungen;
- Speicherung der Adresse der Unterbrechungsstelle des laufenden Programms und des momentanen Inhalts der Rechenwerksregister sowie Organisation des Rücksprungs nach Beendigung des Bedienprogramms;
- Berücksichtigung eines Vorrangs für die Bedienung mehrerer PU-Anforderungsquellen;
- Möglichkeiten der Unterbrechung eines laufenden PU-Bedienprogramms durch PU-Anforderungen höheren Vorrangs schaffen.

In der einfachsten Variante sind alle Geräte mit PU-Möglichkeit an eine einzige Sammelleitung angeschlossen (Abb. 12a). Das PU-Signal unterbricht das laufende Programm des Rechners. Der aktuelle Programmzählerinhalt wird in einer schaltungstechnisch vorgegebenen Verbindungszelle (z. B. Arbeitsspeicherzelle 0) für die spätere Programmfortsetzung gerettet. Mit der nächsten Instruktion springt der Rechner zu einem Suchprogramm. Alle in Frage kommenden Geräte werden der Reihe nach mit einem Testbefehl (spezielle Ein/Ausgabe-Instruktion) abgefragt, bis der Verursacher über sein Antwortsignal identifiziert ist. Der Zeitaufwand für dieses Durchsuchen (polling) bleibt klein, wenn die Geräte mit der größten Wahrscheinlichkeit für PU-Anforderungen als erste getestet werden. Der Rechner springt in das Bedienprogramm, überträgt je nach Notwendigkeit die Registerinhalte auf Rettungszellen und setzt nach Abschluß des Bedienprogramms das unterbrochene Programm fort. Mit dem Sprung zum Identifikationsprogramm wird der PU-Eingang des Rechners automatisch gesperrt, weil eine erneute Reaktion die in der Verbindungszelle gespeicherte Fortsetzungsadresse überschreiben würde.

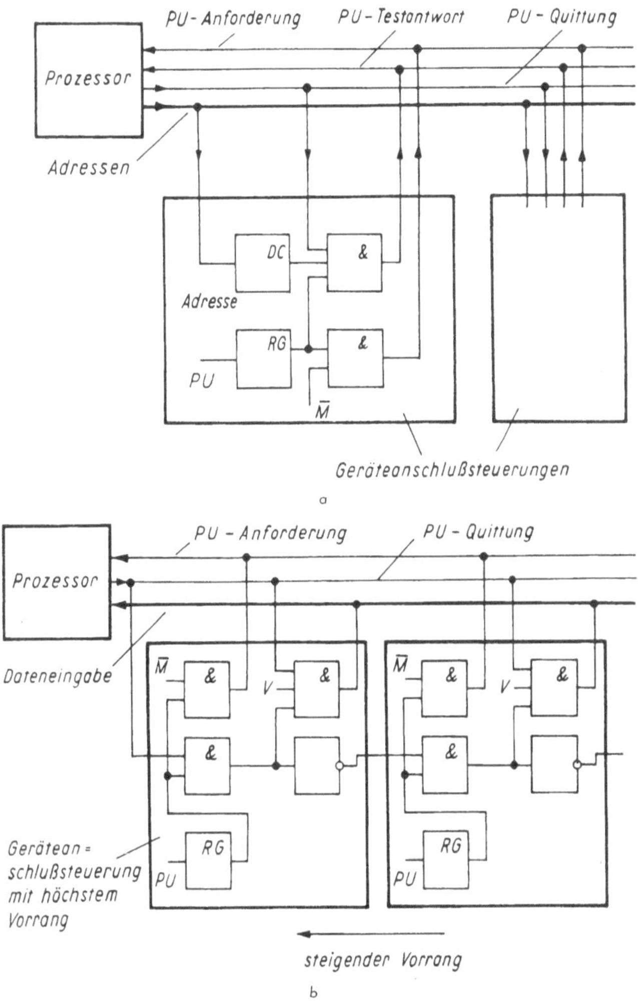


Abb. 12. PU-Sammelleitung für den Anschluß mehrerer Unterbrechungsquellen, $\overline{M} = 0$ blockiert die PU-Signalausgabe (Maske);

a: ohne schaltungstechnisch festgelegten Vorrang mit sukzessivem Testen zur Identifizierung der PU-Quelle,

b: mit Vorrangkette, V Vektoradresse der betreffenden Einheit

Die geschilderte Methode weist einige wesentliche Mängel auf:

- hoher Zeitaufwand für die PU-Identifizierung bei sehr vielen Anforderungsquellen;
- keine schaltungstechnisch realisierte Vorrangsteuerung bei mehreren gleichzeitig anliegenden PU-Anforderungen;
- keine Unterbrechbarkeit der Bedienprogramme.

Der erstgenannte Mangel läßt sich umgehen, wenn die unterbrechende Einheit beispielsweise in einem Anmelderegister ein vereinbartes Bit setzt, so daß der Rechner durch Auswertung des Registerinhalts die PU-Anforderungsquelle erkennt. Eine andere Möglichkeit besteht darin, daß die unterbrechende Einheit ein Datenwort ausgibt (Vektoradresse), das unmittelbar zur Adressenermittlung des Bedienprogramms herangezogen wird. Man kann auch den einzelnen PU-Eingängen des Rechners bestimmte Speicherzellen zuordnen, die den aktuellen Befehlszählerstand speichern; die nachfolgende Zelle enthält die Anfangsadresse des Bedienprogramms.

Durch eine Vorranglogik gemäß Abb. 12b erhält das Gerät den höchsten PU-Vorrang, das dem Prozessor elektrisch am nächsten ist. Der Prozessor sendet als Antwort auf eine PU-Anforderung ein Quittungssignal aus, das über die vorhandenen logischen Verknüpfungen nur die Vektoradresse des Geräts mit dem höchsten Vorrang auf den Dateneingabebus schaltet.

Die weitere Unterbrechbarkeit von PU-Bedienprogrammen (geschachtelte PU-Bearbeitung, interrupt nesting) kann in einfacher Weise realisiert werden, wenn der Programmzählerstand zum Unterbrechungszeitpunkt jeweils in der ersten Speicherzelle des aktivierten Bedienprogramms oder bei modernen Rechnern im Stack-Register abgespeichert wird. Eine einprägsame Darstellung des Programmablaufs zeigt Abb. 13.

Die PU-Signale können in unterschiedlicher Weise zugelassen oder unterdrückt werden. Nach der Reaktion auf

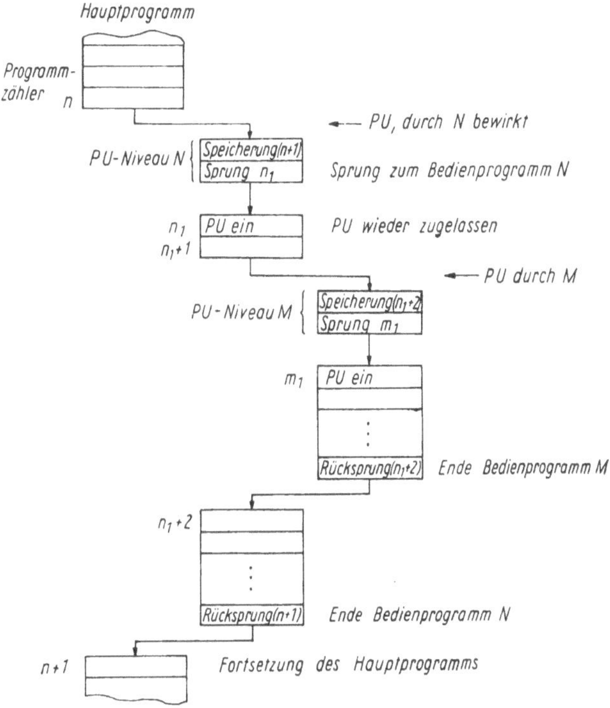


Abb. 13. Programmablauf mit zwei verschachtelten PU-Bedienprogrammen

ein PU-Signal wird in Anordnungen nach Abb. 12, wie erwähnt, der PU-Eingang des Prozessors automatisch gesperrt. Für das Sperren und Freigeben des PU-Eingangs stehen auch entsprechende Maschinenbefehle zur Verfügung. Im Gerät läßt sich die Erzeugung eines PU-Signals blockieren. Das PU-Signal wird in der Flipflop-Stufe bis zum Beginn der Bearbeitung gespeichert; die Übertragung zum Rechner kann jedoch durch eine Maske im Gerät zeitweilig unterbunden werden. Ebenso lassen sich die erwähnten Anmelderegister für die PU-Anforderungen maskieren, d. h., PU-Anforderungen von bestimmten Quellen werden vom Rechner nicht akzeptiert.

In größeren Prozeßrechnern sind häufig 4 Unterbrechungsebenen vorgesehen, die jeweils einen Akkumulator, einen Befehlszähler und Register für aktuelle Daten und Adressen besitzen. Beim Übergang auf eine andere Vorrangebene entfällt das zeitaufwendige Retten und Wiederherstellen der Registerinhalte; diese Maßnahmen sind jedoch beim Unterbrechen von Programmen nötig, die sich auf der gleichen PU-Ebene befinden. Bei Kleinrechnern mit einem einzigen Registersatz kann man mehrere Unterbrechungsebenen durch ein geeignetes Betriebssystem gewinnen, allerdings auf Kosten von zeitaufwendiger Organisation von größenordnungsmäßig 100 μs je Programmwechsel. So baut das Echtzeitsteuerprogrammsystem ESKO 4200 für den Kleinrechner KRS 4200 ein Vorrangsystem mit 4 Programmebenen auf, die jeweils 12 Applikationsprogramme aufnehmen können [54].

Die Leistungsfähigkeit eines Rechners für PU-Bearbeitung, insbesondere die Reaktionszeit auf eine PU-Anforderung, ist ein wichtiges Kriterium für den Einsatz in on-line gekoppelten Systemen, die im Echtzeitbetrieb arbeiten. Die Zuordnung der einzelnen PU-Quellen zu den Prioritäten setzt sorgfältige Überlegungen voraus. Schnell abzuarbeitende und sich in kurzen Zeitabständen wiederholende Programme erhalten einen hohen Vorrang (das Rettungsprogramm bei Netzspannungsausfall hat stets den höchsten Vorrang). Den Bedienprogrammen mit langer Rechenzeit sollte ein geringer Vorrang zugeschrieben werden.

## *2.4. Peripherie*

Die „klassische“ Kleinrechnerperipherie besteht aus einer Schreibmaschine für die Rechnerbedienung (Kommando- und Dateneingabe, Dialog des Operateurs mit dem Rechner) und zum Ausdrucken von übersetzten Programmen, Protokollen und Ergebnissen sowie aus einem Lochstreifenleser und -stanzer zur Ein- und Ausgabe von Programmen und Daten. Weit verbreitet bei Kleinrechnern der unteren Preisklasse sind Fernschreiber, z. B. die Type ASR-33, die in einer geschlossenen konstruktiven Einheit über eine Tastatur, ein Schreibwerk und einen Lochstreifenleser und -stanzer für jeweils etwa 10 Zeichen/s verfügen. Häufig benutzt man elektrische Schreibmaschinen mit Breitwagen (etwa 10 Zeichen/s) und separate Lochstreifenleser und -stanzer für etwa 1000 Zeichen/s bzw. für mehr als 50 Zeichen/s. Das Bedienpult des Rechners, konstruktiv oft als Frontplatte des Rechners ausgebildet, dient der Inbetriebnahme des Rechners und zum Testen seiner Funktion und der Programme; es enthält eine Tastatur zum Setzen von Adressen (Startadresse, Aufruf einzelner Speicherzellen) und zum Einschreiben von Daten in Speicherzellen und Register. Anzeigeelemente geben den Inhalt aufgerufener Register und Speicherzellen sowie Betriebs- und Fehlerzustände des Rechners wieder. Weitere Schalter ermöglichen den Rechnerstart und -stop, den Einzelschrittbetrieb zum sukzessiven Testen der Programminstruktionen, das Löschen von Registern, die Einstellung von bestimmten Programmverzweigungen u. ä.

Typisch für die nicht-prozeßgekoppelte Peripherie zur Datenein- und -ausgabe und zur Datenspeicherung ist ihre im Vergleich zum Prozessor relativ geringe Operationsgeschwindigkeit. Bei vorwiegend mechanisch arbeitenden Geräten, z. B. Schreibmaschine, wird die programmgesteuerte zeichenweise Übertragung mit der Fertigmeldung über eine PU-Meldung bevorzugt, bei Datenspeichern mit Blockübertragung dominiert die Benutzung des direkten Speicherkanals.

Folgende Geräte der Datenverarbeitungsperipherie, teils unmittelbar von EDVA übernommen, teils abgerüstet, ergänzen die Grundausstattung von Kleinrechnern:

- *Bildschirmeinheiten:* Sie sind für die Darstellung von alphanumerischen Zeichen und Kurven ausgelegt und besitzen im allgemeinen eine Tastatur zur Zeicheneingabe. Bildschirmeinheiten für Textwiedergabe sind sehr vorteilhaft in der Einfahrphase von Programmen verwendbar, wobei Korrekturen mit Hilfe einer über den Sichtschirm verschiebbaren blinkenden Lichtmarke (Cursor) oder mit einem Lichtstift ausgelöst werden können und das zeitraubende Ausdrucken von Übersetzungslisten nicht mehr in jedem Fall nötig ist. Bildschirmeinheiten für alphanumerische Zeichen bewähren sich auch im Dialog mit dem Rechner, wenn ein schriftliches Protokoll nicht verlangt wird. In der Labor- und Prüffeldautomatisierung hat die visuelle Wiedergabe von Häufigkeitsverteilungen, Diagrammen u. ä. während der laufenden Untersuchung eine außerordentlich hohe praktische Bedeutung für den Bediener, weil sie Aussagen über den Verlauf der Messung liefert. Bildschirmeinheiten mit internem Bildwiederholspeicher oder Geräte mit Speicherröhren reduzieren ganz erheblich die Belastung des Rechners, der anderenfalls alle 20 bis 50 ms die Ausgabe der gesamten abzubildenden Datenmenge wiederholen müßte. Über die Verwendung von Bildschirmeinheiten zur Eingabe von Positionsmarkierungen u. ä. s. Teil. I, Abschnitt 4.2.3;
- *Zeichengeräte, XY-Schreiber:* Sie ermöglichen die graphische Darstellung von Kurvenverläufen und in Abhängigkeit vom Bedienprogramm auch die komplette Beschriftung bis zur druckreifen Vorlage. In der einfachsten Variante werden die Koordinaten über Digital-Analog-Wandler angesteuert, Präzisionsgeräte basieren auf Schrittmotoren zur inkrementalen Einstellung der Koordinaten;
- *Drucker:* Die wichtigsten mechanisch arbeitenden Gerätetypen sind Seriendrucker, z. B. die Type daro 1156 mit einem Mosaik-Komplettdruck im Raster von $5 \times 7$ Punkten bei maximal 100 Zeichen/s, und die

Paralleldrucker (Zeilendrucker, Line-Printer) bis zu einigen hundert Zeilen/min;

- *Datenblockeingabe:* Für die Speicherung und Eingabe von Programmen und Datenblöcken werden Lochkartenleser sowie Magnetbandkassetten- und Floppy-Disk-Geräte (Magnetplatte in Form einer oxydbeschichteten Polyesterfolie) benutzt; letztere verdrängen wegen des relativ geringen Preises, der zuverlässigen Funktion und der bequemen Handhabung in zunehmendem Maße die Lochstreifengeräte;
- *Großraumspeicher:* Große Datenmengen und Programmbibliotheken werden in Magnetband-, Magnettrommel- und Magnetplattenspeichern abgelegt, wobei die Trommel- und Plattenspeicher auf Grund ihrer geringen Zugriffszeit von größenordnungsmäßig 0,1 s erhebliche Vorteile für den Echtzeitbetrieb bieten. Die Speicherkapazität umfaßt je nach Ausführung $10^6$ bis über $10^8$ bit pro Magnetband bzw. Trommel oder Plattenspeicher. Auch hier spielen Floppy-Disk-Geräte eine zunehmend größere Rolle.

Für die Datenerfassung unter Echtzeitbedingungen benutzt man die Prozeßperipherie, z. B. ursadat 4000/4010, und Datenerfassungs- oder Datenendplätze, die neben der manuellen Eingabe von Daten eine Datenausgabe und den Druck von Protokollen ermöglichen (Meßwarte); an eine dezentrale Abfrageeinheit des Rechners KRS 4200/4201 können bis zu 15 Datenendplätze angeschlossen werden.

Die Ankopplung der genannten Peripheriegeräte an den Rechner setzt neben der Erfüllung der Interface-Bedingungen auch die Einbindung in das Betriebssystem des Rechners voraus. Dies erfordert eine genaue Kenntnis der Funktion der Betriebsprogramme und des anzuschließenden Geräts und wird daher in der Regel vom Hersteller des Rechnersystems übernommen. Je nach beabsichtigtem Einsatzfall werden gewisse Standardkonfigurationen für die Rechnerausrüstung mit peripheren Ge-

| | AS-Typ | mögliche Anzahl | Anschlußbild (Interface) | anschließbare Geräte |
|---|---|---|---|---|
| Programmierter Ein/Ausgabe-Kanal | AS 1a | 1···5 | Sif daro 1000 | E/A-SM 4000, LBL CT 1001, LBL 330, LBST |
| | AS 1n | 0···15 | Sif daro 1000 | MBE 4000 für 1 bis 4 Magnetbandgeräte |
| | AS 1d | 0···15 | Sif daro 1000 | Drucker daro 1156 (Mosaikdrucker) |
| | AS 1f | 0···15 | Sif daro 1000 (1000 m) | E/A-SM 4000 |
| | AS 2h | 0···15 | Sif daro 1000 | Gerätesystem daro 1600 mit Datenendplatz, dezentrale Abfrageeinheit u. a. R 4000, R 4200, R 4201 |
| | AS 2r | 0···15 | Sif daro 1000 | Gerätesystem daro 1600 mit Datenendplatz, dezentrale Abfrageeinheit u. a. R 4000, R 4200, R 4201 |
| | AS 3 | 0···5 | SI 2.2 | Prozeßein- und -ausgabeeinrichtung ursadat 4000/4010, Laborgeräte |
| | AS 4 | 0···1 | ESER (geräteseitig) | ESER-Rechner |
| | AS 5 | 0···5 | SI 1.2 | NC-Maschinen, System ESDM |
| | AS 6 | 1 | TTL-Pegel | Laborgerät |

| | | | |
|---|---|---|---|
| AS 7 | 0···15 | FS-Netz | Fernschreiber |
| AS 8 | 0···15 | V 24 | Abonnentenpunkte des ESER AP1 u. a., Modems für 200 bis 1200 Baud |
| AS 9 | 0···1 | | max. 2 Lochkartenleser CR 600 |
| AS 10[1]) | | CAMAC (EUR 4600) | max. 7 CAMAC-Rahmen |
| | | Eingang für Eigenentwicklungen der Anwender | |
| Direkter Speicherkanal | | maximal 3 Gerätesteuereinheiten, z. B. TSG 4200 für 1 bis 4 Magnettrommeln PBB 204-2 | |
| | | SI 1.2 | Anschluß einer Bildschirmeinheit[2]) möglich |

[1]) In [21] noch nicht aufgeführt, für KRS 4200 entwickelt [55]
[2]) Displayeinheit DPE 4054 des Zentralinstituts für Kernforschung Rossendorf

Abb. 14. **Anschlußmöglichkeiten für das Kleinrechnersystem KRS 4201, nach [53]; maximal sind 16 Anschlußsteuereinheiten unterzubringen im Gegensatz zu 3 bis 4 beim KRS 4200; die AS 4, AS 7, AS 8 und AS 9 sind für den KRS 4200 nicht vorgesehen. E/A-SM Ein-/Ausgabeschreibmaschine, LBL Lochbandleser, LBST Lochbandstanzer, MBE Magnetbandeinheit, TSG Trommelsteuergerät**

räten und Ein/Ausgabe-Anschlußsteuerungen angeboten, die dem Anwender die Zusammenstellung seines Systems beträchtlich erleichtern und eine günstige konstruktive und programmtechnische Lösung ergeben. Einzelheiten über die Eigenschaften der Rechner KRS 4200/4201, über ihre Anschlußmöglichkeiten und peripheren Geräte sowie über die Betriebsprogramme findet man in Firmendruckschriften des VEB Kombinat Robotron und in [20, 21]. Abb. 14 zeigt das Spektrum der Ein/Ausgabe-Anschlußsteuerungen und der anschließbaren Geräte für das Kleinrechnersystem KRS 4201.

## *2.5. Programme*

Die Leistungsfähigkeit eines Rechners und seiner peripheren Geräte wird entscheidend von den Programmen, in der Gesamtheit als Software bezeichnet, und damit vom Operationssystem bestimmt, das die Programme zum Betrieb des Rechnersystems (Betriebssystem) und zur Lösung der bestehenden Aufgaben (Applikationsprogramme) umfaßt. Das Betriebssystem wird im allgemeinen vom Hersteller geliefert; es enthält Programme für die Steuerung des Zusammenspiels von Rechner und Peripherie (Steuerprogrammsystem) und für die Anfertigung von Applikationsprogrammen durch den Anwender, d. h. Systemprogramme vor allem zum Übersetzen von Quellprogrammen, die in einer symbolischen Assemblersprache oder in einer problemorientierten Sprache geschrieben sind, in Objektprogramme, weiterhin Programme zum Korrigieren der Quellprogramme (Editor) und zum Laden von Programmen und Daten in den Arbeitsspeicher des Rechners (Lader). Zur Unterstützung beim Schreiben von Applikationsprogrammen werden von einigen Rechnerherstellern Standardunterprogramme für mathematische Auswerteverfahren, zur Code-Wandlung u. a. angeboten.

Für den on-line Einsatz von Kleinrechnern im Echtzeitbetrieb muß das *Operationsprogrammsystem* (OS) als Echtzeitoperationssystem (EOS) ausgebildet sein, dem folgende wesentliche Aufgaben übertragen werden [29, 56]:

- Ein/Ausgabe-Organisation für den Simultanbetrieb von Rechner, Datenverarbeitungsperipherie und Prozeßperipherie;
- Zeitorganisation für den zeitabhängigen Start einzelner Applikationsprogramme (Aktivierung über die Echtzeituhr) und für die Zeitüberwachung einzelner Geräte;
- Organisation der Bearbeitung von Programmunterbrechungsanforderungen bei Berücksichtigung des Vorrangs; Rettungsprogramme für Registerinhalte; Warteschlangenorganisation für Unterbrechungsanforderungen; Verwaltung einer Unterprogrammbibliothek für PU-Bedien- und sonstige Standardprogramme;
- Erkennung und Behandlung von Programm- und Gerätefehlern;
- Speicherorganisation mit Laden und Verbinden einzelner Objektprogramme sowie Einbeziehung externer Daten- und Programmspeicher;
- Inbetriebnahme und Neustart der Anlage;
- Umsetzung von Steuerprogrammrufen in Befehlsfolgen.

Betriebsprogramme für den nicht-prozeßgekoppelten Betrieb, z. B. bei der Verwendung des Kleinrechners für wissenschaftlich-technische und ökonomische Berechnungen, müssen die Mehrzahl der aufgeführten Aufgaben ebenfalls ausführen. Anstelle einer umfangreichen Bearbeitung von PU-Anforderungen kommen beispielsweise Konvertierungsmöglichkeiten für Datenformate der Ökonomie oder die Einbeziehung externer Speicher für Dateien hinzu.

Das Spektrum der von den Rechnerherstellern angebotenen Software reicht von einfachen Ladern, Editorprogrammen und Assemblern bis zu gut ausgebauten Echtzeitbetriebssystemen und Compilern für Programmiersprachen wie FORTRAN, PL/I oder COBOL. Der

Tabelle 4

Systemunterlagen für das Kleinrechnersystem KRS 4200/4201 des VEB Kombinat ROBOTRON, nach [20, 21, 54, 57]

**Maschinenorientierte Betriebssysteme:**

1. **Steuerprogrammsysteme (SPS):**

– Echtzeitsteuerprogrammsystem, kernspeicherorientiert:

ESKO 4200, verschiedene Versionen bis 16 K Arbeitsspeichergröße, auch für NC-Maschinen und für den Hybridrechner HRA 4241 (Kopplung mit Analogrechner MEDA 41 TC)

ESKO 4200 kann bis zu 42 Applikationsprogramme auf 4 Programmebenen unterschiedlichen Vorrangs bedienen

– Steuerprogrammsystem für wissenschaftlich-technische Rechnungen im off-line Betrieb:

STEP 4200

– Steuerprogrammsystem für ökonomische Aufgaben:

SOEK 4200 mit Einbeziehung der Magnettrommel als Datenspeicher und für die Verwaltung einer beliebigen Anzahl von Applikationsprogrammen

(DUPL 4200 Doppeln von Lochbändern)

(UMCO 4200 Umkodieren des R 300-Codes)

2. **Systemprogramme** (SYP) zur Ein- und Ausgabe von Programmen und Daten, zur Anfertigung funktionsfähiger Objektprogramme und zur Inbetriebnahme des Rechnersystems, SYP laufen gewöhnlich unter der Regie eines Steuerprogramms:

– Übersetzungsprogramme:

SUP 4200 Assembler für die symbolische Programmiersprache SYPS 4200

FOR 4200 Compiler für die Programmiersprache FORTRAN

– Dienstprogramme (DIP):

LAD 4200 Lader für Programme mit und ohne Berücksichtigung der Sektorgrenzen der Speicheradressen

TEHI 4200 Testhilfe für die Erprobung von gespeicherten Applikationsprogrammen

LAP 4200 Lochbandaufbereitungsprogramme für die Bearbeitung und Korrektur von Quellenlochbändern

SEA 4200 selbständiges Ein- und Ausgabeprogramm ohne Steuerung durch ein SPS

– Standardprogramme (STAP) als vorgefertigte Programmteile für die Lösung einsatzspezifischer Probleme:

KONV 4200 Konvertierungsprogramm für Zahlendarstellungen im 7 bit-Code und in tetradischer Verschlüsselung

ARIT 4200 Gleit- und Festkomma-Arithmetikprogramme

STAF 4200 häufig erforderliche trigonometrische und logarithmische Funktionen

Tabelle 4 (Fortsetzung)

**Problemorientierte Bestandteile** (POS):

1. **Standardprogramme**:

– MAST 4200 mathematische Standardprogramme z. B. für Nullstellenbestimmung oder für die Lösung von Differentialgleichungen

– SPRO 4200 Standardprogramme für Aufgaben der Prozeßsteuerung wie Meßwertkorrektur, Grenzwertüberwachung und Bilanzierung

2. **Übersetzungsprogramme**:

– GEPS für die Generierung von Standardprogrammen, z. B. der Meßwerterfassung, Primärverarbeitung und Steuerwertausgabe MEPS

– PEPU für die Verkopplung von Programmbausteinen zu Applikationsprogrammen und zu Applikationsprogrammsystemen im Rahmen des modularen problemorientierten Echtzeitprogrammiersystems PEPS

3. **Dialogsystem für wissenschaftlich-technische Aufgaben**:

– DIWA 4200 zur Lösung numerischer Aufgaben mit Korrektur und Testung, selbständig ohne zusätzliches SPS arbeitend

Überblick und der Vergleich wird auch durch die Vielzahl der Bezeichnungen für die Programme der einzelnen Hersteller außerordentlich erschwert. Zur Demonstration der Vielfalt der Software sind in Tabelle 4 die vom VEB Kombinat Robotron entwickelten maschinenorientierten Systemunterlagen (MOS) und einige der problemorientierten Systemunterlagen (POS) für das Kleinrechnersystem KRS 4200/4201 aufgeführt. In den aktuellen Programmierungs- und Bedienungshandbüchern sowie in den methodischen Unterlagen findet der Anwender die erforderlichen Details zur Anwendung der Betriebssysteme und zum Erarbeiten von Applikationsprogrammen.

Innerhalb der Rechnerfamilie ROBOTRON 4000 besteht eine Aufwärtskompatibilität des KRS 4200 zum PRS 4000 [20, 21]. Beide Rechner verwenden gleiche Anschlußbilder für die Geräte der Datenverarbeitungs- und Prozeßperipherie, besitzen gleiche Befehls- und Datenformate sowie gleiche Maschinencodes für Lochband und Magnetband und lassen den Datenaustausch zwischen den Rechnern der Familie 4000 zu. Applikationsprogramme für den KRS 4200 können auf dem PRS 4000 getestet und genutzt werden.

Die Entwicklung des Programmsystems für eine rechnergekoppelte Meßapparatur verursacht im allgemeinen Kosten, die in der gleichen Größenordnung wie die Kosten für die Gerätetechnik liegen. Durch problemorientierte Systeme, die auf bestimmte Einsatzfälle zugeschnitten sind, z. B. Werkzeugmaschinensteuerung, durch interpretativ arbeitende Programmsysteme und vor allem durch modularen Aufbau von Betriebs- und Applikationsprogrammen wird versucht, die Effektivität in der Programmentwicklung zu steigern. Es ist zu erwarten, daß sich das Schreiben umfangreicher Applikationsprogramme durch die Anwendung problemorientierter Sprachen und durch Programmbausteine, aus denen vom Rechnerhersteller für die betreffende Gerätekonfiguration ein weitgehend anwendungsbereites Programmpaket generiert wird, in Zukunft stärker durchsetzen wird. Über derartige Entwicklungen für das Prozeß- und Kleinrechnersystem Robotron 4000 und 4200 wird in [58] berichtet.

Eine allgemein anerkannte und benutzte Programmiersprache für den Echtzeitbetrieb von Rechnern zur Prozeßsteuerung gibt es trotz zahlreicher Arbeiten zur Erweiterung einer bestehenden Sprache, z. B. PL/I, oder zur Definition einer neuen Sprache, z. B. PEARL, bislang noch nicht. Das liegt zu einem großen Teil an der Mannigfaltigkeit der Elemente für die Abwicklung von Datenein- und -ausgaben, für die Bedienung von Anschlußsteuerungen und peripherer Geräte sowie an der Vielzahl von Interfaces. Die Normung und Abstimmung gerätetechnischer Anschlußbedingungen ist im Rahmen von Standard-Interfaces und modularer Gerätesysteme, z. B. CAMAC, bis zu einem gewissen Grad gelungen und ermöglicht den flexiblen Aufbau von Meßanordnungen. Das gilt auch für die Programmiersprachen für wissenschaftlich-technische und ökonomische Rechnungen, die wie ALGOL, FORTRAN oder COBOL unabhängig vom Rechnertyp und seiner Ein/Ausgabe-Peripherie formuliert sind. Hierbei werden die Eigenschaften der Ein/Ausgabe-Peripherie vom Übersetzungsprogramm berücksichtigt, das zusammen mit dem Betriebssystem die erforderlichen Befehlsfolgen für das betreffende periphere Gerät bereitstellt. Andererseits lassen sich ALGOL oder FORTRAN nicht gut für den Echtzeitbetrieb von Prozessen anwenden, weil u. a. die Möglichkeiten der Interruptbehandlung und der Festlegung von Prioritäten fehlen und ein zeitoptimales Verhalten der übersetzten Programme nicht gewährleistet ist. Die Besonderheit einer Echtzeitsteuersprache, die ähnlich maschinenunabhängig zu handhaben sein sollte wie FORTRAN, ist darin zu sehen, daß die Elemente für die Ein/Ausgabe-Steuerung, für die PU-Behandlung u. a. den Maschineninstruktionen entsprechen müssen.

Der Grundgedanke modularer Programmsysteme besteht darin, das Betriebs- und Anwenderprogramm durch die Verknüpfung einzelner Moduln über genormte Bedingungen zum Ein- und Aussprung (Schnittstellen) in effektiver Weise zusammenzustellen. Als Vorteile gegenüber einem durchgängigen, nur auf einen bestimmten Anwendungsfall zugeschnittenen Programm zeigen sich [59]:

- übersichtliche Strukturierung von Programmsystemen;
- Flexibilität gegenüber Programmänderungen, die bei Änderungen der Aufgabenstellung, des Meßablaufs oder der Meßanordnung notwendig werden;
- wiederholte Nutzbarkeit vorgefertigter Programmteile und Arbeitsteilung bei der Erstellung neuer, anwendungsspezifischer Programm-Moduln.

Als Nachteile sind zu nennen:

- erhöhter Speicherplatzbedarf z. B. durch Aufbewahrungszellen für Parameter, die zwischen den Moduln zu übertragen sind;
- längere Laufzeit des Programms infolge der Datenübergabe zwischen den Moduln und gegebenenfalls durch Nachladen von Moduln.

Die Konzeption eines modularen Programmsystems erfordert die Lösung wichtiger Teilaufgaben [59]:

— *Modulgröße:* Kleine Moduln sind universeller formulierbar als große Moduln, geben aber ein unübersichtlicheres Gesamtprogramm und längere Laufzeiten wegen der vielen Parameterübergaben. Es ist daher zweckmäßig, mehrere Modulniveaus festzulegen und Moduln für Elementaroperationen (Makroinstruktionen, Unterprogramme) und für problemorientierte Anwendungen zu unterscheiden. Die letztgenannten Moduln erhalten den Status von abhängigen Hauptprogrammen, die über gemeinsame Datenfelder und über die Steuerung durch das Betriebssystem miteinander verbunden sind. Moduln, die im Echtzeitbetrieb arbeiten, sind zweckmäßigerweise als komplexe Moduln zu gestalten, wenn sie zeitkritische Operationen der Datenbearbeitung ausführen müssen;

— *Modulverknüpfung:* Das Modul-Interface oder die genormte Anschlußbedingung, die wesentlich die Nutzerfreundlichkeit und Erweiterungsfähigkeit eines modularen Systems bestimmt, legt die Verfahrensweise für die Parameteraufbewahrung und -übertragung zwischen den Moduln fest. Die Modulein- und -ausgabe sowie Fehler- und Regiemeldungen an das Betriebssystem sind ebenfalls eindeutig zu definieren.

Das Zusammenwirken der Elementarmoduln wird durch Steuermoduln koordiniert, die nicht nur für die Bereitstellung der Parameter sorgen, sondern auch die Zuordnung zu den einzelnen Aufgaben organisieren. Es läßt sich eine Modulhierarchie aufbauen, wenn man einen Steuermodul gemeinsam mit den ihm unterstellten Elementarmoduln als Baustein des übergeordneten Steuermoduls ansieht. Das Betriebssystem bildet die oberste Hierarchie-Ebene. In einer solchen hierarchischen Programmstruktur ergeben sich für die Moduln die folgenden Regeln [59, 60]:

– im Modul getroffene Entscheidungen beziehen sich nur auf die Aktion des Moduls und der ihm unterstellten Moduln;
– ein Modul bearbeitet nur die ihm zugewiesenen Datenfelder;
– nach Abarbeitung eines Moduls geht die Programmsteuerung an den übergeordneten Steuermodul zurück.

Die Moduln brauchen nicht alle im Arbeitsspeicher gespeichert zu sein (resident), sondern lassen sich mit Hilfe eines kleinen speicherresidenten Betriebssystems bei Bedarf aus externen Speichern einlesen oder über Lochband nachladen, sofern dies nicht zu Schwierigkeiten im Echtzeitregime führt.

In [59] ist ein modulares Programmsystem zur Sammlung, Verdichtung und Vorauswertung von Meßdaten bei kernphysikalischen Experimenten beschrieben. Es verwendet einen Kleinrechner TPA-1001 und besteht aus einem speicherresidenten Betriebssystem mit einem Dispatcher (Bedienung der PU-Anforderungen, Überwachung der Abarbeitung von Programm-Moduln und Sicherung des Dialogs mit dem Nutzer), mit den Ladeprogrammen für das Einlesen von Programm-Moduln über Lochband oder aus einem Magnetbandspeicher und mit einem Dialogsystem zur Kommunikation des Bedieners mit dem Rechner. Zu den problemorientierten Verarbeitungsmoduln zählen Moduln zur Organisation mehrparametriger Speicherungen, Digitalfilterung, Summation über einzelne Maxima im Spektrum, Ausgabe über Schreibmaschine oder Lochband, Übertragung zu einer on-line angeschlossenen größeren Rechenanlage usw. Das Laden dieser Moduln wird vom Dialogsystem nach Eingabe eines aus 2 Buchstaben bestehenden Kommandos veranlaßt. Der Modul selbst fordert dann über die Schreibmaschine noch benötigte Daten an, z. B. die Kanalzahl eines Spektrums. Im Dialog mit dem Rechner kann vom Bediener durch Aufruf und Nachladen der benötigten

Moduln eine Datensammlung und -auswertung durchgeführt werden — ein einfaches Beispiel zeigt Abb. 15. Mit LG vor Beginn der Messung werden die Datenpuffer und Datenfelder im Rechner gelöscht. Mit dem Ladebefehl PL wird der Modul ANAM für Datensammlung und Vielkanalanalyse eingegeben. BS startet die Datensammlung, BE beendet die Messung. Das Programm PICO zur Spektreninspektion wird über PL geladen und mit SI gestartet. Es druckt als Resultat der Datenreduktion Lage, Höhe und Fläche der Maxima sowie die mitt-

```
LG
PL: ANAM
BS
BE
PL: PICO
SI
←AADR\BL\[0 256)
```

| LAGE | HOEHE | INHALT |
|---|---|---|
| 21 | 196 | 1176 |
| 28 | 701 | 4206 |
| 43 | 785 | 4710 |
| 55 | 1709 | 10254 |
| 75 | 2663 | 15978 |
| 98 | 1199 | 7194 |
| 107 | 461 | 2766 |
| 128 | 737 | 4422 |
| 141 | 655 | 3930 |
| 163 | 503 | 3018 |
| 177 | 1007 | 6042 |
| 198 | 1017 | 6102 |

```
BREITE          6

PL: MOUT
AL ↑UG,OG,MOD(0 255 1)
PL: BAND
TL ↑UG,OG,MOD(0 255 1)
```

Abb. 15. Protokoll eines Meß- und Auswertungsprozesses [59]

lere Breite der Linien in tabellarischer Form aus. Mit MOUT wird das Spektrum auf Lochstreifen AL in den Grenzen Kanal 0 bis 255 vom Speichermodul 1 ausgegeben. Der Modul BAND testet, ob die abgelochten Daten mit dem Datenfeld im Arbeitsspeicher übereinstimmen.

# 3. Interfaces

## *3.1. Prinzipien*

Bei der Kopplung eines Rechners mit Geräten versteht man unter einem Interface die konstruktiven, elektrischen und logischen Bedingungen zur Gestaltung der Schnittstelle und die entsprechenden Schaltungsgruppen und Elemente im Ein/Ausgabe-Kanal des Rechners und im Steuerteil von Geräten und Funktionseinheiten. Die Forderungen der Anwender nach einer einfachen Zusammenschaltbarkeit von Geräten sowohl untereinander als auch mit einem Rechner legten die Standardisierung der Interface-Bedingungen nahe. Unterschiedliche Anwendungsgebiete und technische Forderungen sowie wirtschaftliche Erwägungen und Herstellerinteressen haben jedoch zu mehreren Standard-Interfaces geführt; außerdem werden auch heute noch viele Geräte der elektronischen Meßtechnik produziert, die an keines der bewährten Standard-Interfaces angepaßt sind. Im folgenden werden einige allgemeine Prinzipien für die Gestaltung von Interfaces und die wesentlichen Eigenschaften solcher Standard-Interfaces beschrieben, die insbesondere in der elektronischen Meßtechnik Bedeutung erlangt haben, s. auch [30].

Die Grundkonfiguration eines Interfaces entspricht dem *Sternverkehr*, dem *Linienverkehr* oder der *Ringleitung*, wie es bereits in Abb. 8 skizziert ist. In Tabelle 5 sind einige wichtige Standard-Interfaces der elektronischen Meßtechnik und ihre derzeitige Gültigkeit zusammengestellt.

Tabelle 5

Standard-Interfaces der elektronischen Meßtechnik

| Standard-Interface | Struktur | nationale Gültigkeit | internationale Gültigkeit | Anwendung in der DDR |
|---|---|---|---|---|
| SI 1.2 | Ketteninterface für Kettenschaltung von Geräten, mit Zentrale Sternverkehr | TGL 29 248, logisch, elektrisch Steckverbinder | RGW: RS 3826-73, daraus RGW-Standard, etwa 1978; logisch, elektrisch, eventuell Steckverbinder | Meßgeräte der Schall- und Schwingungsmeßtechnik, kernphysikalische und Analysenmeßtechnik, digitale Messung und Meßwertausgabe (ESDM 31), Messung von Pegeln, Spannungen und Dämpfungen |
| SI 2.2 | Linieninterface | TGL 29 711, logisch, elektrisch, Steckverbinder | RGW: protokollarische Empfehlung Sektion 8 der SKM, logisch, elektrisch | Prozeßperipherie ursadat 4000 und 4010 |
| CAMAC | Linieninterface | – | RGW: RS 4572-74, logisch, elektrisch; RS 4573-74, Steckverbinder, konstruktiv (19″); RS 4665-74, Steckverbinder, konstruktiv (20 mm); außerhalb RGW: ESONE EUR 4100 (1972) ESONE EUR 4600 (1972) IEEE Standard Std 583 IEC Standard Publ. 516 | Labormeßtechnik in Grundlagenforschung der Physik, Biologie, Medizin, Werkstoffe u. a. |

Tabelle 5 (Fortsetzung)

| Standard-Interface | Struktur | nationale Gültigkeit | internationale Gültigkeit | Anwendung in der DDR |
|---|---|---|---|---|
| CAMAC | (serielle) Ringleitung | — | außerhalb RGW:<br>Serial System Organisation<br>ESONE EUR 6100 (1977) | — |
| HP-Bus,<br>IEC-Bus,<br>byteseriell-<br>bitparalleles<br>Interface | Linieninterface | TGL in Vorbereitung;<br>logisch, elektrisch,<br>Steckverbinder | RGW: Standard in Vor-<br>bereitung (etwa 1978);<br>logisch, elektrisch,<br>Steckverbinder;<br>außerhalb RGW:<br>IEC-Empfehlung TC 66<br>IEEE Standard 488, 1975 | zur Zeit Zweck-<br>forschungsarbeiten |

Das Ketteninterface SI 1.2 ist ein Standard, um selbständig arbeitsfähige Geräte ohne Zentrale miteinander zu koppeln, z. B. ein Digitalvoltmeter mit einem Drucker zur Meßwertausgabe. Wird eine Steuerzentrale oder ein Rechner über SI 1.2 mit einigen wenigen Geräten verbunden, entsteht als Konfiguration der Sternverkehr nach Abb. 8a. Beim Linienverkehr lassen sich viele Geräte über eine Sammelleitung mit der Zentrale verbinden, die den Informationsaustausch organisiert. Die angeschlossenen Geräte sind meist nicht selbständig funktionsfähig. Ob der Linienverkehr oder der Sternverkehr den optimalen Aufbau des Meßsystems ermöglicht, hängt wesentlich vom Meßproblem und von den verfügbaren Geräten ab; auf einige Aspekte für die Beurteilung beider Konfigurationen weist Tabelle 6 hin.

Der Informationsaustausch zwischen der Zentrale und einem bestimmten Gerät, das über die Adresse aufgerufen wird, umfaßt Daten („Schreiben" als Übertragung von der Zentrale zum Gerät, „Lesen" in umgekehrter Richtung), Steuer-, Status-, Befehlssignale und Programmunterbrechungsanforderungen. Die Programmunterbrechungsmeldungen, die von peripheren Geräten ausgelöst werden, dienen dazu, den Rechner mit der Steuerung des Datenaustauschs und mit der Datenverarbeitung zu beauftragen. Für die Übertragungsart bestehen folgende Möglichkeiten:

- parallele Übertragung mit getrennten Leitungen für jedes Signal und Datenbit;
- serielle Übertragung der einzelnen Bit und Signale in vereinbarter Reihenfolge über ein Leitungspaar;
- gemischte Übertragung: parallele Übertragung der einzelnen Bit eines Byte und serieller Transfer der Bytes in definierter Reihenfolge.

In rechnergekoppelten Meßsystemen verwendet man, wenn die Übertragungsstrecken im sogenannten Nahbereich bis etwa 50 m bleiben, sowohl die Parallelübertragung (SI 1.2, SI 2.2, CAMAC mit vertikalem Daten-

Tabelle 6

Vergleich Stern- und Linienverkehr

**Sternverkehr**

**Vorzüge:**

- Verbindung Zentrale-Gerät kann individuell angepaßt werden (Kabellänge, Zahl der Verbindungsadern, Codierung der Daten, Übertragungsgeschwindigkeit u. a.);
- für häufig vorkommende Kombinationen Rechner-Gerät lassen sich separate Lösungen finden, die zu minimalem Aufwand führen und keine oder nur unwesentliche Eingriffe in das Gerät erfordern;
- keine Störungen der angeschlossenen Geräte untereinander.

**ungünstig:**

- relativ begrenzte Zahl von anschließbaren Geräten bzw. Ketten;
- großer Aufwand für Verbindungskabel und Steckverbinder.

**Linienverkehr**

**Vorzüge:**

- Aufbau des Gesamtsystems aus einzelnen Gerätemoduln, die an eine einzige Sammelleitung angeschlossen werden, ergibt eine elektrisch und konstruktiv übersichtliche Anordnung;
- minimaler Aufwand an Verbindungskabeln bei räumlich konzentriert aufgestellten Gerätesystemen;
- leicht erweiterungsfähig entsprechend dem Adressenumfang;
- einheitliche Gestaltung des Informationsaustauschs auf der Sammelleitung begünstigt die Bereitstellung von Steuerprogrammen durch den Rechnerhersteller.

**ungünstig:**

- Geräte müssen an den Standard des Linieninterfaces elektrisch und logisch angepaßt sein;
- gegenseitige Störungen der angeschlossenen Geräte durch Leitungsreflexionen an den Ein- und Ausgängen möglich;
- auch für sehr wenige Geräte beträchtlicher Grundaufwand, z. B. Überrahmen mit Steckverbindern für den Sammelleitungsanschluß.

weg) als auch die byteseriell-bitparallele Übertragungsart (HP-Bus, CAMAC mit seriellem Datenweg). Bei Entfernungen über 50 bis 100 m werden die Kosten vieladriger Kabel für die Parallelübertragung sehr hoch. Im Fernbereich erfolgt die serielle Übertragung oftmals über Fernmelde- und Fernschreibleitungen. Auch im Nahbereich, insbesondere wenn sich das Meßsystem über mehrere Meßräume erstreckt, kann die serielle oder byteserielle Übertragung wegen der geringeren Kabelkosten Vorteile bringen. Allerdings ist der zusätzliche Aufwand für Parallel-Serien- und Serien-Parallel-Wandler zu berücksichtigen. Die geringere Übertragungsgeschwindigkeit gegenüber der reinen Parallelübertragung fällt bei vielen Meßanordnungen nicht ins Gewicht, vor allem beim Einsatz von Geräten der Prozeßperipherie und der MSR-Technik.

Die Datensicherung bei der Übertragung spielt bei der Kopplung von EDVA untereinander (Rechnernetz) und mit externen Datenspeichern und ganz allgemein bei der Datenfernübertragung eine große Rolle. Fehlererkennung und Korrektur gehen von der Paritätsprüfung und von speziellen Codes aus — eine Einführung in diese Problematik gibt [31]. Die im Nahbereich angewendeten Standard-Interfaces der elektronischen Meßtechnik enthalten explizit keine besonderen Maßnahmen zur Erkennung fehlerhaft übertragener Daten. Lediglich der für größere Entfernungen vorgesehene serielle CAMAC-Datenweg schreibt die Prüfung der Längs- und Querparität vor. Selbstverständlich kann der Anwender beispielsweise für das Interface SI 1.2 oder den vertikalen CAMAC-Datenweg ein oder mehrere Bit des Datenworts als Paritätsbits deklarieren, die vom Rechnerprogramm gesetzt werden, doch gibt es kaum SI 1.2-Geräte oder CAMAC-Moduln, die einen entsprechenden Paritätstest durchführen.

Die Maßnahmen zur Sicherung der Datenübertragung umfassen bei den Standard-Interfaces für die elektronische Meßtechnik:

- Verwendung von Takt-, Synchron-, Übergabe- oder Abtastimpulsen; sie geben dem Empfänger das Zeitintervall an, in dem die Daten gültig sind und aufgenommen werden können;
- Hand-Shake-Prinzip mit Anmeldung und Quittierung der Übertragung (asynchrone Übertragung).

Die Übertragung mit Taktsynchronisierung ist durch einen starren Zeitablauf charakterisiert. Unterschiede in der Signallaufzeit durch unterschiedliche Entfernungen und in der Ansprechzeit des Empfängers werden nicht berücksichtigt, so daß der Zeitablauf an die größte Lauf- und Ansprechzeit anzupassen ist. Diese Übertragungsart wird innerhalb konstruktiver Einheiten, z. B. für die

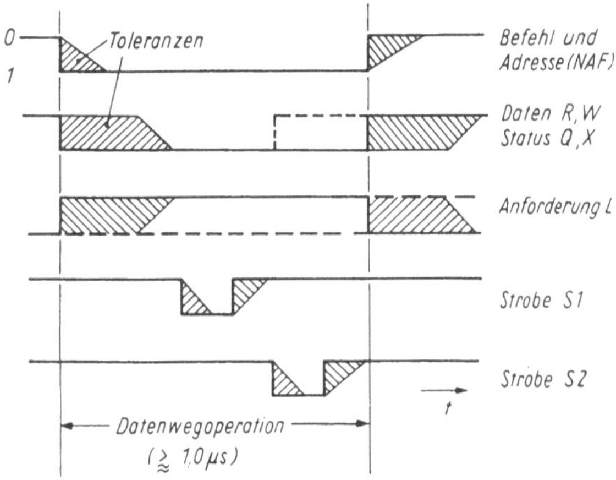


Abb. 16. Übertragung mit Abtastimpulsen am Beispiel des horizontalen CAMAC-Datenwegs, vereinfachte Darstellung

Kopplung des Prozessors mit den Ein/Ausgabe-Anschlußeinheiten des Rechners und auf dem horizontalen CAMAC-Datenweg, bei Übertragungslängen bis zu etwa 1 m benutzt. In Abb. 16 ist der Zeitablauf einer Übertragung auf dem horizontalen Datenweg des Systems CAMAC wiedergegeben [44]. Die Rahmensteuerung gibt Daten und Befehle aus. Nach einer gewissen Verzögerung zum Einschwingen des Datenwegs und zur Entschlüsselung des Befehls im Modul folgen zwei Strobe-Impulse (Abtastimpulse) S1 und S2, die im aufgerufenen Modul die geforderte Operation auslösen. Mit S1 werden Aktionen zur Übernahme von Daten und Statusinformationen auf den Leitungen R, W und Q eingeleitet und mit S2

Aktionen, die den Zustand der Lese- und Schreibsignale auf dem Datenweg ändern, z. B. Löschen von Registern, deren Ausgang auf den Datenweg geschaltet ist (s. Abschnitt 3.5.).

Das Hand-Shake-Verfahren ist nicht an einen festen Zeitablauf gebunden. Durch die Auswertung von Anmeldungs- und Quittungssignalen wird die Übertragungszeit automatisch an die Signallauf- und Reaktionszeit des Empfängers angeglichen, so daß eine hohe Übertragungsgeschwindigkeit möglich wird. Störungen im Übertragungsweg und im Empfänger können in vielen Fällen durch das Ausbleiben des Antwortsignals oder durch die Zeitüberschreitung für die erwartete Antwort erkannt werden. Die zwei wesentlichen Hand-Shake-Varianten sind:

a) Die beabsichtigte Übertragung wird vom Sender mit einem Meldesignal angekündigt. Ist der Empfänger zur Übernahme von Daten bereit, schickt er ein Quittungssignal zum Sender — die Übertragung der Daten kann beginnen. Nach beendeter Übertragung schaltet der Sender das Meldesignal ab, das vom Empfänger mit dem Abschalten des Quittungssignals beantwortet wird. Diese Methode wird bei der Blockübertragung benutzt;

b) Zu Beginn des Übertragungszyklus werden vom Sender Daten, Adressen und ein Anmeldesignal, gegebenenfalls nach einer Zeitverzögerung, auf die Übertragungsstrecke gegeben, sofern der Empfänger zur Datenannahme bereit ist. Der Empfänger spricht auf das Anmeldesignal an, übernimmt die Daten und setzt als Quittung das Bereitschaftssignal zurück. Dies führt im Sender zum Abschalten der Anmeldung. Daraufhin wird im Empfänger die Bereitschaft wiederhergestellt und als Folge die Ausgabeinformation des Senders gelöscht.

Das Beispiel des Hand-Shake in Abb. 17 bezieht sich auf den vertikalen CAMAC-Datenweg zwischen der CAMAC-Anschlußsteuereinheit des Rechners (Branch Driver) und der Rahmensteuerung (Crate Controller)

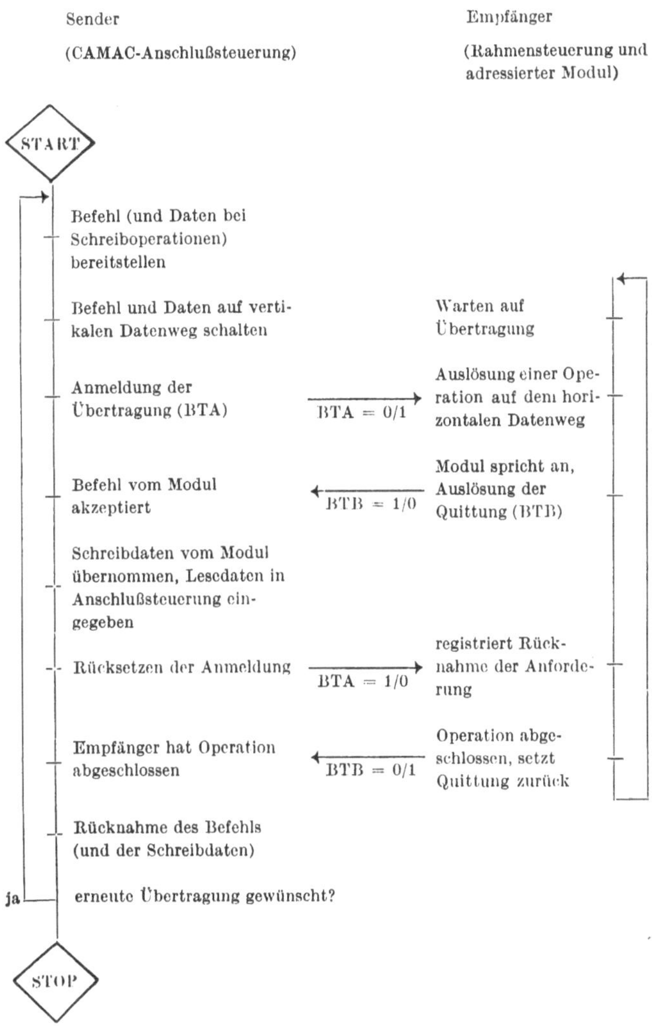
Sender
(CAMAC-Anschlußsteuerung)
Empfänger
(Rahmensteuerung und adressierter Modul)
START
Befehl (und Daten bei Schreiboperationen) bereitstellen
Befehl und Daten auf vertikalen Datenweg schalten
Warten auf Übertragung
Anmeldung der Übertragung (BTA)
BTA = 0/1
Auslösung einer Operation auf dem horizontalen Datenweg
Befehl vom Modul akzeptiert
BTB = 1/0
Modul spricht an, Auslösung der Quittung (BTB)
Schreibdaten vom Modul übernommen, Lesedaten in Anschlußsteuerung eingegeben
Rücksetzen der Anmeldung
BTA = 1/0
registriert Rücknahme der Anforderung
Empfänger hat Operation abgeschlossen
BTB = 0/1
Operation abgeschlossen, setzt Quittung zurück
Rücknahme des Befehls (und der Schreibdaten)
ja
erneute Übertragung gewünscht?
STOP

a

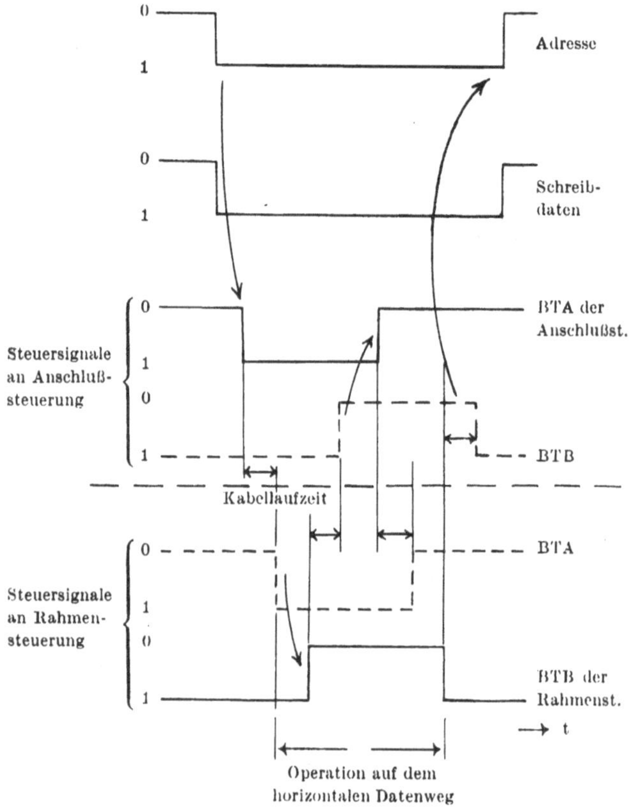


b

b

Abb. 17. Übertragung nach dem Hand-Shake-Prinzip am Beispiel des vertikalen CAMAC-Datenwegs, vereinfacht

[45]; es entspricht im wesentlichen der Variante b. Die Signale BTA und BTB wirken als Anmelde- und Quittungssignal. In Abb. 17b ist der Einfluß der Laufzeit zwischen Sender und Empfänger angedeutet. Werden

über den vertikalen Datenweg mehrere Rahmensteuerungen adressiert, so reagiert der Sender erst nach Vorliegen aller BTB-Aktivitäten; in Abb. 17 ist dies nicht berücksichtigt.

## *3.2. Gerätesteuerung*

Die Steuerung eines Meßsystems durch den Rechner setzt voraus, daß sich in den betreffenden Meßgeräten bzw. in der Prozeßperipherie der Meßbereich, der Betriebszustand und der Wert einzelner Betriebsparameter durch elektrische Signale einstellen lassen. Bei Labor- und Meßgeräten erfolgen diese Einstellungen allerdings noch vorwiegend über manuelle Bedienelemente. Die elektrische Ansteuerung zieht oftmals einen beträchtlichen Zusatzaufwand nach sich — man denke nur an die Realisierung der Funktion eines Stufenschalters oder eines Einstellpotentiometers durch eine digital ansteuerbare elektrische Schaltung. Man benötigt Wandler, die die digitalen Ausgabedaten des Rechners in Stellgrößen für die Einstellung des Verstärkungsfaktors, der Ansprechschwelle, der Impulslänge oder der Frequenz umsetzen oder die über Programmsignale einzelne Aktionen, beispielsweise das Ein- oder Ausschalten, das Löschen von Registern oder den Übergang zur nächsten Meßstelle oder Meßprobe auslösen. Vom Standpunkt der Rechneransteuerung der einzelnen Betriebskenngrößen haben die Moduln des Instrumentierungssystems CAMAC den höchsten Entwicklungsstand erreicht. Diese Moduln enthalten keine oder nur noch wenige manuelle Bedienelemente, die zur Einstellung von Betriebsarten und beim Aufbau des Meßsystems benötigt werden.

Bei vielen Labor- und Meßgeräten sind Analog-Steuereingänge vorhanden, die primär zur Fernbedienung vorgesehen sind, über ein Digitalausgaberegister und einen Digital-Analog-Wandler aber auch von einem Rechner betätigt werden können. Wie die einzelnen Stellen des

Rechnerworts den Daten im Sinne von Zahlenwerten (Datensignale) und den Befehlen zur Auslösung bestimmter Funktionen (Programmsignale, Funktionscode) zuzuordnen sind, ist bei den einzelnen Interfaces meist nicht vorgeschrieben. Das Standard-Interface SI 1.2 gibt nur die Verschlüsselung und Pegel eventueller Programmsignale vor. SI 2.2 verwendet 4 bit des 16 bit langen Adressenworts als Programmsignal, überläßt aber die Zuordnung zu einzelnen Adressen des Funktionsblocks dem Nutzer. Im CAMAC ist die Bedeutung der einzelnen Werte des 5 bit Funktionscodes eindeutig definiert (siehe Tabelle 9). Die Codierung der Datensignale erfolgt überwiegend in BCD-Darstellung oder dual; beim Aufruf von einzelnen Schaltern o. ä. ist auch die direkte Zuordnung zu bestimmten Wortstellen gebräuchlich.

Die Übergabe der Steuerdaten erfolgt in rechnergekoppelten Meßsystemen über den programmgesteuerten Ein/Ausgabekanal. Entsprechend Abb. 10 sind deshalb in der Steuerschaltung ein Adressen- und Funktionsdecoder sowie Speicherregister für die übertragenen Steuerdaten und Schaltelemente zur Einstellung und Funktionsausführung erforderlich. Digitale und logische Operationen wie Setzen oder Rücksetzen von Registern, Maskieren einzelner Registerstellen, Testen des Registerinhalts (z. B. bei der Identifizierung der Quelle von Programmunterbrechungsanforderungen) bringen im allgemeinen keine Probleme mit sich und sind mit Digitalschaltkreisen realisierbar. Dagegen bereiten Operationen, die auf Analoggrößen wirken und mechanisch betätigte Stellglieder ersetzen, vielfach große Schwierigkeiten und erfordern mitunter neuartige schaltungstechnische Lösungen [61].

Als wichtigste Elemente für die Ansteuerung von Geräten über Digitalinformationen sind Digital-Analog-Wandler und elektronische Schalter zu nennen. Mit einem Digital-Analog-Wandler wird ein Digitalwort, das in einem Register gespeichert ist, in Gleichspannung oder Gleichstrom umgewandelt; eine Übersicht gibt z. B. [62]. Abb. 18a zeigt einen Digital-Analog-Wandler mit ge-

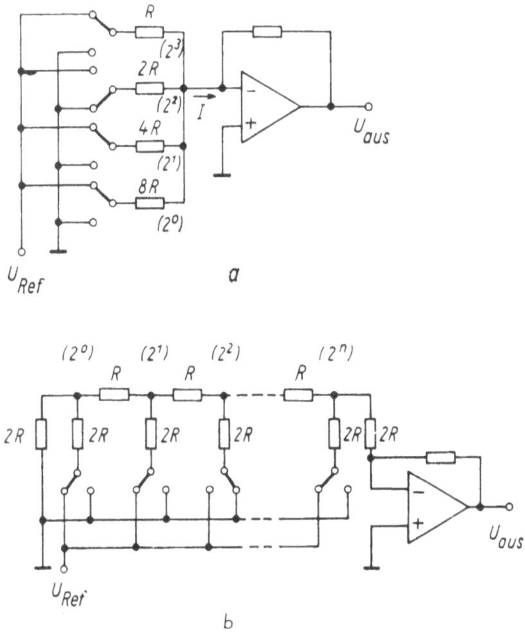


Abb. 18. Digital-Analog-Umsetzer;
a: mit gestuften Widerständen für den Bereich 0 bis 15,
b: $R$-$2R$-Widerstandsnetzwerk mit binärer Stufung

stuften Widerständen, der je nach Schalterstellung für den Gesamtstrom $I$ die Werte 0, $I_0$, $2I_0$ bis $15I_0$ mit $I_0 = U_{\mathrm{Ref}}/8R$ liefert; am Ausgang des Verstärkers steht eine entsprechende Spannung zur Verfügung. Bei Ansteuerung im BCD-Code umfaßt der Wandler eine Dekade. Für einen Umwandlungsbereich von mehreren Dekaden muß man entweder eine stärkere Stufung der Widerstandswerte vorsehen oder mehrere Dekaden verwenden und die Ausgangsgrößen jeder Dekade gewichtet addieren. Leichter und mit höherer Genauigkeit realisierbar sind jedoch binär gestufte Digital-Analog-Wandler mit Widerstandskettenleitern (Abb. 18b). Im dargestellten Kettenleiter hat jeder der von einem Knotenpunkt ausgehenden Zweige den Widerstandswert $2R$. Vorteilhaft ist, daß zwei Widerstandswerte im Verhältnis 1 : 2 ausreichen und daß Ketten für Wandler bis zu 10 und 12 bit in Dünnschichttechnik als bequem zu handhabendes Bauelement herstellbar sind. Beim diskreten Aufbau des Teilers empfiehlt es sich, Widerstände einer Herstellungscharge auf gleichen Wert auszusuchen und das erforderliche 1:2-Verhältnis durch Reihen- oder Parallelschaltung zu gewinnen. Die Widerstandswerte liegen im Bereich von 10 bis 100 kΩ; hiermit bleibt einerseits der Einfluß des Innenwiderstands der Schalter klein, und andererseits erreicht man noch ein relativ schnelles Einschwingen der Ausgangsspannung auf den Endwert (Größenordnung 1 μs).

Als elektronische Schalter in Digital-Analog-Umsetzern, in Meßstellenumschaltern (Analog-Multiplexer) und in Steuerschaltungen werden Relais, insbesondere mit Schutzgaskontakten, bipolare Transistoren mit Umschaltung zwischen Sättigung und Sperrbereich und Feldeffekttransistoren benutzt. Relais zeichnen sich durch einen vernachlässigbaren Durchlaßwiderstand aus, erfordern aber eine beträchtliche Steuerleistung und Schaltzeiten in der Größenordnung einiger ms. Bipolare Transistoren haben im Sättigungszustand Durchlaßwiderstände von größenordnungsmäßig 1 bis 10 Ω und Restspannungen unter 0,1 V, Steuerleistung und Umschaltzeiten sind klein ($<$ 50 ns sind möglich). Feldeffekttransistoren stellen nahezu leistungslos steuerbare Widerstände dar und sind bequem anwendbar, allerdings ist der Durchlaßwiderstand größer als bei bipolaren Transistoren (10 bis $>$ 100 Ω). Transistor- und Diodenpaare werden als Stromschalter eingesetzt. Abb. 19 zeigt einige Beispiele für Schalter, Abb. 19a ist für den D/A-Wandler nach Abb. 18a geeignet, die Schalter Abb. 19c und d für Analog-Multiplexer.

Für die Umschaltung von Spannungsteilern, $RC$-Integrationsgliedern u. ä. bestehen verschiedene Möglichkeiten. Man kann beispielsweise einen veränderlichen

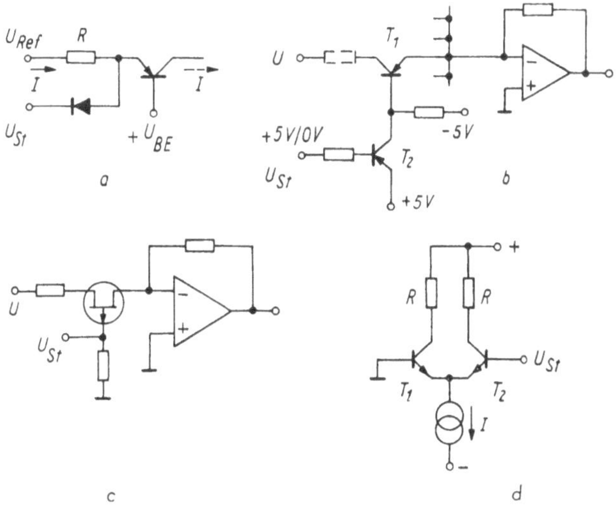


Abb. 19. Beispiele für elektronische Schalter;

a: Strom $I$ fließt über Diode ($U_{St} \ll U_{BE}$) oder über Transistor ($U_{St} \gg U_{BE}$),

b: $T_1$ leitend (gesperrt) mit Steuerspannung $U_{St}$ = hoch (tief),

c: Feldeffekttransistor über $U_{St}$ gesperrt oder geöffnet,

d: Umschaltung des Stroms $I$ zwischen $T_1$ ($U_{St} < 0$) und $T_2$ ($U_{St} > 0$)

Gesamtwiderstand durch Überbrücken einzelner Teilwiderstände realisieren oder die $RC$-Integrationszeitkonstante durch voneinander unabhängige Einstellung der Widerstands- und Kapazitätswerte in weiten Grenzen variieren. Bei impulsförmigen Signalen mit Flankensteilheiten im µs-Bereich und darunter stören parasitäre

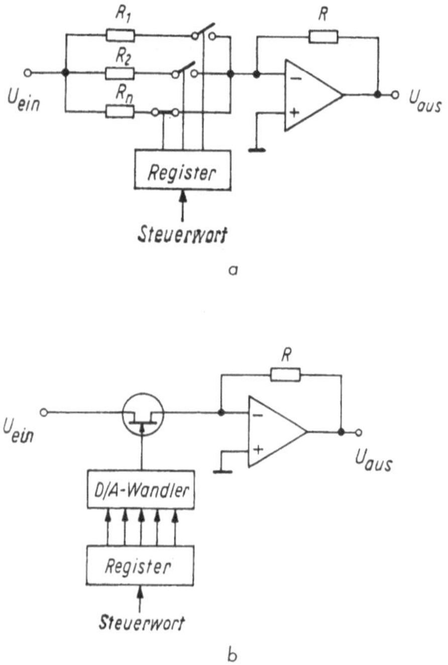


Abb. 20. Steuerbare Verstärker;
a: Umschalten der Gegenkopplungswiderstände,
b: kontinuierlich einstellbarer Widerstand

Effekte der Schalter, insbesondere die Kapazität gegen Masse. In derartigen Fällen ist man gezwungen, die Einstellelemente möglichst nicht im Impulsweg anzuordnen. In diesem Sinn ist die elektronische Umschaltung des Verstärkungsfaktors über unterschiedliche Gegenkopplungswiderstände nach Abb. 20a für breitbandige Impulsverstärker wenig geeignet. Günstiger ist die Verstärkungssteuerung über einen Feldeffekttransistor gemäß

Abb. 20b. Die Steuerkennlinie des Feldeffekttransistors läßt sich durch Ansteuerung über einen zweiten gleichartigen FET oder über eine Brückenanordnung linearisieren [26, 63].

In [61] wird eine Reihe von CAMAC-Moduln beschrieben, die für kernphysikalische Untersuchungen ausgelegt sind und Messungen mit Zeitauflösungen im ns-Bereich erlauben. So wird bei einem Selektor-Integrator die Integrationsdauer für Stromimpulse von einem Univibrator kontrolliert, dessen Impulslänge vom Rechner über einen Digital-Analog-Wandler einstellbar ist. In einem Universal-Koinzidenzgerät läßt sich die Koinzidenzauflösungszeit vom Rechner verändern. Die Lage der Koinzidenzkurve kann mit Hilfe variabler Verzögerungen für logische Signale verschoben werden; diese veränderliche Verzögerung wird entweder rein elektronisch über die Länge von Univibratorimpulsen erreicht oder ergibt sich aus der Laufzeit durch unterschiedlich lange Koaxialkabel, die mit Relais o. ä. in den Impulsweg eingeschaltet werden. Die erwähnten Koinzidenz- und Verzögerungsmoduln wurden erfolgreich zur Optimierung der Nachweiselektronik bei Experimenten der Kern- und Elementarteilchenphysik eingesetzt.

In der elektronischen Meß- und Prüftechnik spielen programmierbare Schaltmatrizen eine große Rolle. Jeder der Matrixeingänge kann mit einem beliebigen Ausgang verbunden werden. Auf diese Weise kann man ein Meßobjekt unter Programmsteuerung mit verschiedenen Impuls- und Signalquellen oder mit Meßgeräten koppeln. Die Schaltmatrizen werden mit Relais und mit Koaxialschaltern aufgebaut und sind über SI 2.2 ansteuerbar [64]. Ein CAMAC-Modul Matrix mit 8 Ein- und 8 Ausgängen, der elektronische Umschalter enthält und zusätzlich auch noch logische Operationen bei der Verknüpfung ermöglicht, ist in [61] beschrieben. Dieser Modul wird zum Umschalten des Meßregimes, zur Einblendung von Eichspektren, zur Einstellung von Koinzidenzbedingungen u. a. in kernphysikalischen Experimenten eingesetzt.

### 3.3. *Standard-Interface* SI 1.2

Das Standard-Interface SI 1.2[1]) ermöglicht den Kettenverkehr von Funktionseinheiten zur Gewinnung, Aufbereitung, Übertragung, Ausgabe und Speicherung von Informationen [30, 41]. Die Datensignale werden unter Kontrolle von Hand-Shake-Signalen von Funktionseinheit zu Funktionseinheit übertragen. Im Gegensatz zu den Linieninterfaces ist eine Steuerzentrale oder ein Rechner nicht erforderlich, doch kann ein Rechner in die Kette eingegliedert werden oder den Anfang bzw. das Ende mehrerer Ketten bilden — auf diese Weise entsteht der Sternverkehr (Abb. 8a).

Das SI 1.2 legt die Funktion der Steuersignale (Befehls- und Meldesignale) fest. Die Wortlänge ist unbegrenzt; bei Benutzung 32-poliger Steckverbinder nach TGL 200-3603/01 ist als Wortbreite 28 bit (bzw. Vielfache) entsprechend 7 Dezimalziffern in BCD-8-4-2-1 Codierung vorgesehen. Die Prinzipschaltung und die technische Realisierung der Steuerlogik, die mit Standard-TTL-Gattern aufgebaut wird, ist in [41] für mehrere Varianten angegeben. Für die Informations- und Programmsignale (I, P) ist als Verschlüsselung vorrangig der BCD-8-4-2-1 Code anzuwenden; zulässig sind ferner die duale Zuordnung, der 7-bit-Code nach TGL 23207 und die direkte Zuordnung einzelner Stellen. Außerdem werden die Art der Steckverbindungen und die Steckerbelegung für Steuer-, I- und P-Signale definiert. Im Gegensatz zu den meisten Linieninterfaces wird die positive Logik mit den Zuständen 0 für das TTL-Potential Tief T (0 bis 0,4 V für TTL-Ausgänge bzw. 0 bis 0,8 V für Eingänge) und 1 für Hoch H (größer 2,4 bzw. 2,0 V) benutzt. Für die konstruktive Gestaltung gelten die Festlegungen des Einheitlichen Gefäßsystems EGS der DDR.

[1]) Erste Ziffer = Art des Interfaces, 1 Kettenverkehr, 2 Linienverkehr; zweite Ziffer = technische Ausführung, 1 Dünnschicht-Hybridtechnik (KME-3), 2 TTL-Schaltkreise (Serie SN 74, Baureihe D 1).

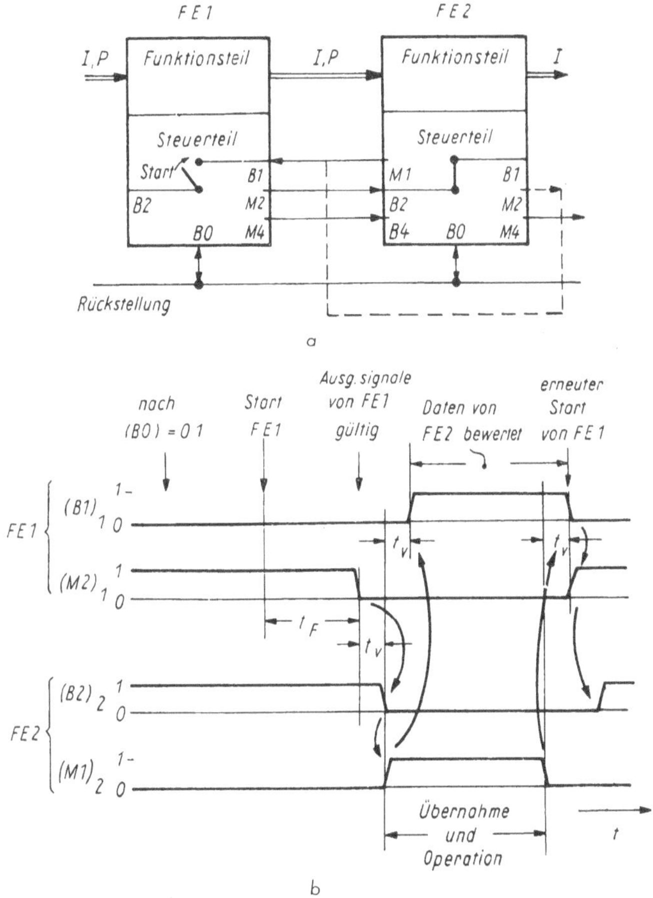


Abb. 21. Zusammenschaltung zweier Funktionseinheiten über das Standard-Interface SI 1.2,

a: Prinzip,

b: Zeitdiagramm, $t_F$ Funktionsdauer von FE 1, $t_V$ Verzögerung zwischen der Flanke eines M-Signals und ihrer Wirkung am Empfanger (etwa 1 μs durch ein Integrationsglied zur Unterdrückung von Störimpulsen)

Das Prinzip der Verkopplung einzelner Funktionseinheiten (FE) ist aus Abb. 21 ersichtlich. Die Signale M sind Meldesignale, die den momentanen Zustand von Funktionseinheiten anzeigen; die Signale B stellen Befehlssignale für die Anmeldung und Auslösung von Aktionen dar. Der Informationstransport wird von den Signalen (M1), (M2), (B1) und (B2) organisiert. Mit dem zentralen Löschsignal (B0) wird über (B0) = 0 der Anfangszustand der Kette (M1) = 0 und (M2) = 1 erzwungen. Nach dem Übergang des Löschsignals auf (B0) = 1 lassen sich die Funktionseinheiten starten. Das Meldesignal (M4) liefert Aussagen über die Funktionsfähigkeit der FE; bei (M4) = 0 liegen Geräte- oder Datenfehler vor.

Die Befehlssignale (B1) und (B2) wirken mit ihren Übergängen (B1) = 10 und (B2) = 10, die in Flipflop-Stufen der Steuerschaltung unabhängig von der Reihenfolge ihres Eintreffens gespeichert werden. (B1) = 10 fungiert als „Freigabe des Starts" und stellt die Meldung dar, daß die nachgeschaltete Funktionseinheit (FE 2 in Abb. 21) die angebotenen Informations- und Programmsignale (I, P) nicht mehr benötigt und zur Aufnahme neuer Daten bereit ist. Das Vorliegen gültiger Daten am Ausgang einer Funktionseinheit wird mit (M2) = 10 signalisiert. Im Steuerteil zieht (B2) = 10 die Antwort (M1) = 1 nach sich, d. h., die anliegenden Daten werden übernommen und dürfen sich nicht ändern, bis nach abgeschlossener Übernahme (M1) = 10 erscheint. Ein Übergang (B1) = 10 wird mit (M2) = 01 beantwortet — (M2) = 1 bedeutet, daß die Signale am FE-Ausgang nicht mehr gültig sind.

In der Zusammenschaltung Abb. 21 wird mit (B0) = 01 der definierte Anfangszustand mit (M1) = 0 und (M2) = 1 hergestellt. Durch Schließen des Schalters in FE 1 wird der gespeicherte 10-Übergang an B1 von FE 1 auch auf B2 übertragen und damit der Start ausgelöst. Nach beendeter Operation erscheint $(M2)_1 = 10 = (B2)_2$ als Startanmeldung für FE 2, die als Quittung $(M1)_2 = 01$ sendet und wegen der internen Verbindung von B1 und

B2 ausgelöst wird. Sobald die I- und P-Signale von FE 2 übernommen wurden, wird über $(M1)_2 = 10 = (B1)_1$ der erneute Start von FE 1 ermöglicht. Ist die Verarbeitungszeit von FE 2 kürzer als von FE 1, können die von FE 1 angebotenen Daten stets übernommen werden. Bei einer längeren Verarbeitungszeit in FE 2 muß zur Vermeidung von Überschneidungen der Signale die Rückmeldung von $(M2)_2$ aus erfolgen, das mit $(M2)_2 = 10$ die erneute Bereitschaft meldet (in Abb. 21a gestrichelt gezeichnet).

Bei der Hintereinanderschaltung von Funktionseinheiten muß man zwischen einer zeitoptimalen und einer nicht-zeitoptimalen Kette unterscheiden. Die zeitoptimale Kette in Abb. 22a entspricht in der Funktion der Anordnung aus Abb. 21. Jede Funktionseinheit gibt den Neustart der vorgeschalteten FE frei, sobald die Datenübernahme beendet ist; deshalb kann die Kette schon wieder neue Daten annehmen, ehe die zuvor erhaltenen Daten das Kettenende erreicht haben. Der Datendurchsatz wird von der am langsamsten arbeitenden Funktionseinheit bestimmt; in den vor ihr befindlichen FE wird die Datenweitergabe über die Freigabe mit (M1) und (B1) verzögert. Bei der nicht-zeitoptimalen Kette nach Abb. 22b sind B1 und B2 intern verbunden. Eine Funktionseinheit startet daher über (M2) = 10 die nachfolgende FE und gibt die Daten weiter, kann aber nach vollzogener Übergabe nicht wieder von der empfangenden FE ausgelöst werden — die Meldesignale (M1) bleiben ungenutzt. Nach Durchlauf der Daten erscheint am Kettenende das Signal (M2) = 10, das zum Neustart der Kette dient. Der Datendurchsatz ergibt sich folglich aus der Summe der Verarbeitungszeiten aller Funktionseinheiten. Der automatische Durchlauf der Daten durch die Kette wird unterbrochen, wenn man an einer beliebigen Stelle den Verbindungsschalter B1-B2 öffnet.

Wie Abb. 22 zeigt, ist mit Funktionseinheiten über SI 1.2 ein vollautomatischer Meßablauf realisierbar. Der Aufbau von Meßsystemen erfordert, insbesondere bei

Vermaschung von SI 1.2-Verbindungen, gute Kenntnisse über die Interface-Eigenschaften und die Signalabläufe. Mit SI 1.2 ist auch ein Anschluß an Kleinrechner möglich: für den KRS 4200 über die AS 5 (s. Abb. 14), für den

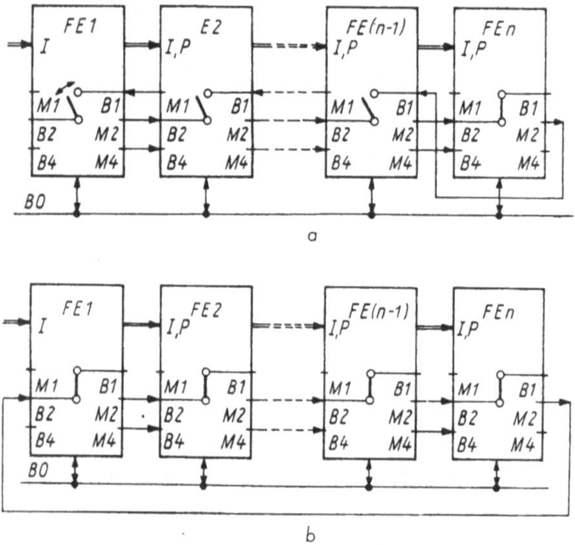


Abb. 22. Zusammenschaltung von Funktionseinheiten;
a: zeitoptimale Kette,
b: nicht-zeitoptimale Kette

Rechner KSR 4100 [40] und für den TPA-1001 [65]. Die AS 5 weist zwei Eingabe- und zwei Ausgabeanschlüsse auf, die jeweils B0, M1, B2 bzw. B0, M2, B1 besitzen. Zusätzliche, frei programmierbare Sondermelde- und Sonderbefehlssignale können vorteilhaft z. B. für den Start und Stop der angeschlossenen Kette verwendet werden. Die Wortbreite der Informationssignale beträgt 28 bit, die Anschlußsteuerung kann auch für Vielfache von 28 bit ausgelegt werden. An die SI 1.2-Anschlußsteuerung des TPA-1001 lassen sich je 7 Ein- und 7 Ausgabe-Funktionseinheiten anschließen, wobei die maximale Wortbreite 36 bit beträgt.

Das Spektrum der Geräte mit SI 1.2-Anschluß umfaßt vor allem:

- Grundgeräte für die digitale Messung und Meßwertausgabe (ESDM 31) mit Digitalvoltmetern, Zählern, Einheiten für die Steuerung von Meßabläufen (Meßstellenumschalter, Zeitgeber, Verknüpfungsglieder) und Einheiten für die Meßwertausgabe (Streifen- und Journaldrucker, Speicher, Lochbandstanzer, Sichtanzeige); einen Überblick gibt [66];
- Geräte der Analysen- und Strahlungsmeßtechnik mit Impulszählern, Impulsdichtemessern, Strahlungsmeßgeräten und Spektrometern für die Verarbeitung von Signalen aus Szintillations- und Zählersonden sowie aus Meßköpfen für Prozeßanalysatoren [67];
- Geräte der akustischen und Schwingungsmeßtechnik.

Zwei einfache Beispiele sollen abschließend die Kopplungsmöglichkeiten mit einem Rechner demonstrieren. Die Anordnung in Abb. 23a stellt ein Meßsystem zur Erfassung und Verarbeitung von Terz-Oktav-Spektren dar [30]. Das Terz-Oktav-Filter TOF filtert aus der verstärkten Spannung des Meßmikrophons MM eine Oktave oder eine Terz aus; der Anzeigeteil AT liefert eine Gleichspannung, die dem Effektivwert der ausgefilterten Meßgröße entspricht und mit einem Analog-Digital-Umsetzer ADU bzw. mit einem Digitalvoltmeter DVM digitalisiert wird. Der on-line gekoppelte Kleinrechner speichert diese Werte. Vor Beginn der Messung wird mit dem Signal (B0) der Ausgangszustand eingestellt. Der erste Start erfolgt entweder durch kurzzeitige Verbindung von B1 und B2 im TOF oder durch das Sondermeldesignal Mi des Rechners. Nachfolgende Starts lassen sich bei geschlossener Verbindung B1—B2 im TOF vom Digitalvoltmeter oder bei offener Verbindung vom Rechner über Mi auslösen.

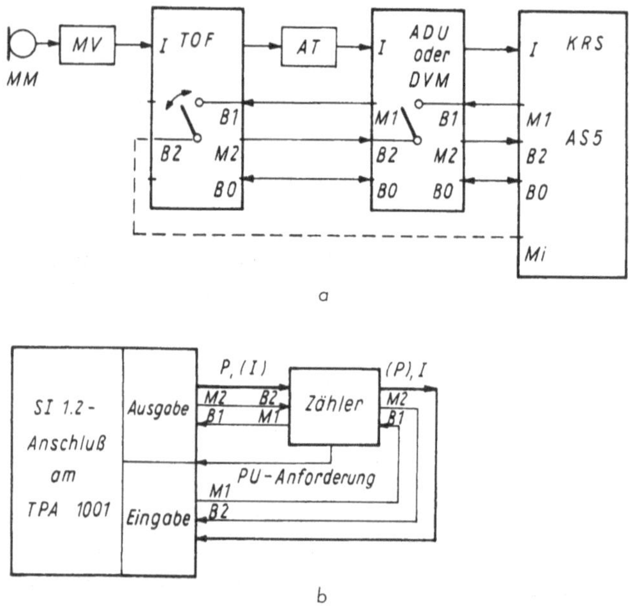


Abb. 23. Kopplung von SI 1.2-Geräten mit einem Kleinrechner;
a: Terz-Oktav-Spektrenmessung,
b: voreinstellbarer Impulszähler

Abb. 23b zeigt, daß eine Funktionseinheit gleichzeitig mit dem Ein- und Ausgang der SI 1.2-Anschlußsteuerung verbunden sein kann [65]. Es handelt sich um einen voreinstellbaren Impulszähler, der über die Ausgabe-Richtung Informationssignale zur Impulsvorwahl oder Programmsignale für Start, Stop, Nullstellen oder Auslesen erhält; der aktuelle Zählerinhalt und die Meldung über das Erreichen der vorgewählten Impulszahl laufen in Eingabe-Richtung. Derartige Zähler werden für die Durchführung kernphysikalischer Messungen benötigt, können aber auch in vielen anderen Gebieten eingesetzt werden.

### 3.4. *Standard-Interface* SI 2.2

Das Standard-Interface SI 2.2 gilt für den Linienverkehr zwischen einer Steuerzentrale und angeschlossenen Geräten [42]. Es wird speziell der Kopplung der

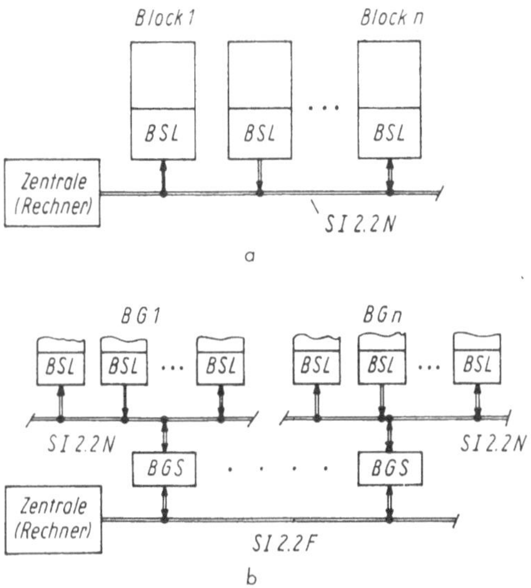


Abb. 24. Aufbau des Standard-Interface SI 2.2;
a: Blockgruppe (BG) über SI 2.2 N an Zentrale angeschlossen,
b: Anschluß mehrerer Blockgruppen über Blockgruppensteuerungen (BGS) und SI 2.2 F,
$n \leqq 16$

Rechner PRS 4000 und KRS 4200/4201 (Anschlußsteuerung AS 3) sowie des KSR 4100 mit Geräten und Funktionsblöcken der Prozeßeingabe- und Prozeßausgabeeinrichtung ursadat 4000 und 4010 zu Grunde gelegt [30, 68].

Die Grundkonfiguration des SI 2.2 zeigt Abb. 24; die Struktur und eine große Zahl von Einzelheiten weichen von der ESEG-Richtlinie 000.053 vom Juni 1971 ab. Man unterscheidet zwischen dem SI 2.2 N für den Nahbereich zum Anschluß von maximal 16 räumlich konzentrierten Blöcken über Blocksteuerungen für Linienverkehr BSL und dem SI 2.2 F für den Fernbereich (bis 60 m) zum Anschluß von maximal 16 Blockgruppensteuerungen BGS, die den Übergang zu jeweils einer Blockgruppe BG mit SI 2.2 N realisieren. Das 16 bit Adressenwort enthält in der Tetrade A0 4 bit Programmsignale zur Auslösung vereinbarter Funktionen und 3 Adressentetraden A1, A2, und A3, so daß insgesamt $2^{12} = 4096$ Adressen zur Verfügung stehen. A3 wird bei SI 2.2 N als Blockadresse und bei SI 2.2 F als Blockgruppenadresse verwendet. A1 und A2 stellen die Wortadressen für die Funktionsblöcke vom Typ B (maximal 16 Adressen) und vom Typ C (maximal 256 Adressen) dar. In [42] wird die Bedeutung des 4 bit Programmcodes in A0 angegeben: je Adresse 3 Eingabe- und 3 Ausgabebefehle, Start, Stop, Lesen Kanalstatus, Schreiben Statusmaske, Testoperation, Block-B0, Lesen Block-PU und 3 reservierte Codes.

Die Datensignale als Information sind 16 bit Parallelworte. Für die Ein- und Ausgabe werden getrennte Sammelleitungen BUS DE und BUS DA benutzt. Die Datenübertragung wird von Hand-Shake-Signalen B1, B2 und M1 gesteuert, die in ihrer Bedeutung Ähnlichkeit mit SI 1.2 besitzen. Die Pegelzuordnung entspricht bei SI 2.2 N der negativen Logik und bei SI 2.2 F der positiven Logik. Abb. 25 zeigt das Signalsystem des SI 2.2 N mit zwei angeschlossenen Blöcken für Ein- und Ausgabe. Das Startsignal B2 = 01 startet in der adressierten Funktionseinheit die durch Programmsignale ausgewählte Funktion. Der Funktionsblock antwortet mit dem Fertigmeldesignal M1 = 01, wenn die gestartete Funktion beendet ist; mit M1 = 1 wird beispielsweise die Gültigkeit der vom Funktionsblock abgegebenen Eingabedaten gemeldet. Die Zentrale übernimmt die Daten und setzt

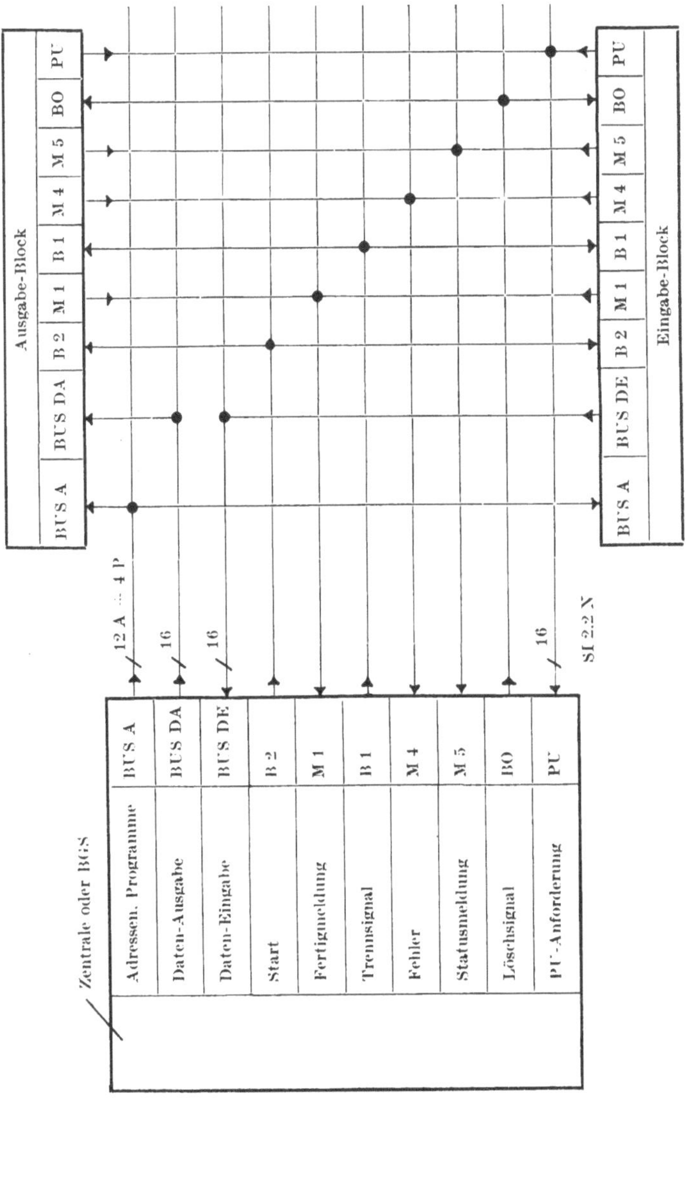


Abb. 25. Signalsystem für SI 2.2 N mit je einem Block für Datenein- und Datenausgabe

bei Übernahmeende das Trennsignal B1 = 01. Der Block erkennt daraus, daß die Eingabedaten nicht mehr erforderlich sind und setzt M1 = 10. Dies hat in der Zentrale B2 = 10 und B1 = 10 zur Folge. Anschließend werden im Block Eingabedaten und in der Zentrale Ausgabedaten gelöscht. Das Fehlermeldesignal M4 und das Statusmeldesignal M5, das eine Antwort auf eine Statusabfrage des Blocks darstellt, können nach Bedarf verwendet werden; M5 eignet sich zur Identifizierung der Quelle einer Programmunterbrechungsanforderung PU. Das zentrale Löschsignal B0 stellt definierte Anfangsbedingungen her. An die Zentrale sind maximal 16 PU-Anforderungssignale anschließbar; bei größerer Zahl macht sich eine Zusammenfassung zu Sammelunterbrechungsanforderungen erforderlich. Durch Filter werden Störimpulse mit einer Länge von $\leqq 0{,}5\ \mu s$ an den Eingängen B0, B1, B2, M1 und PU unterdrückt. Die Wirkung der Steuersignale im Block wird gegenüber dem Eintreffen von Pegeländerungen durch Filter und Verzögerungsglieder um 2 bis 5 $\mu s$ verzögert. Eine Datensicherung durch Paritätstest o. ä. ist nicht vorgeschrieben.

In Tabelle 7 sind die Blöcke der Prozeßein- und -ausgabeperipherie ursadat 4000 und 4010 aufgeführt [30, 68]. Die PEA ursadat 4010 stellt eine Weiterentwicklung dar, die sich gegenüber der aufwendigen Variante 4000 für den ökonomischen Aufbau von Kleinkonfigurationen eignet und daher für die Labor- und Prüffeldautomatisierung von Interesse ist. Durch eine eingebaute Stromversorgung kann auf separate Stromversorgungsschränke verzichtet werden; die Kombinationsmöglichkeiten der Blöcke im Schrank wurden durch konstruktive Maßnahmen erweitert.

Das Echtzeitbetriebssystem ESKO der Rechnerfamilie R 4000 enthält einige ESKO-Rufe zum Ansprechen der mit der Anschlußsteuerung AS 3 gekoppelten Prozeßein- und -ausgabeperipherie. Beispielsweise ist mit ANAL (**Anal**ogwert-Erfassung) die blockweise Erfassung der

Tabelle 7

Übersicht über die Funktionsblöcke der Prozeßeingabe- und Prozeßausgabeeinrichtung ursadat 4000 und 4010

| Bezeichnung | Funktion | Bemerkungen |
|---|---|---|
| **Digitaleingabe** | | |
| DES | statisch, 16 Worte je 16 bit | Eingabe von Digitalsignalen |
| DES-U | statisch mit PU-Signalerzeugung | nichtzyklische Eingabe von Digitalsignalen |
| DED-U | dynamisch mit PU-Signalerzeugung | Speicherung impulsförmiger Signale |
| IEZ | Impulszähler | bis 10 kHz |
| IVZ | Vorwahlzähler | PU-Signal bei Erreichen der Vorwahl |
| **Digitalausgabe** | | |
| DAS | statisch, 16 Worte je 16 bit | Ausgabe digitaler und binärer Steuerwerte für Anzeige, Führungsgröße u. a. (gilt für DAS, DAD, ZA) |
| DAD | zeitlich begrenzte Speicherung | |
| ZA | Ziffernanzeigeeinheit | |
| **Analogeingabe** | | |
| AER[2]) | Relaisdurchschaltung bis 512 Adressen | Meßstellenabfrage, 200 Abfragen/s |
| AER-A[2]) | 128 Adressen | für ursadat 4010 |
| AEE[1])[2]) | elektronische Durchschaltung | schnelle Analogsignalabfrage |
| **Analogausgabe** | | |
| AAK | D/A-Wandlung mit geringer Auflösung | 8 bit, 32 Ausgabekanäle |
| AAL | hohe Auflösung | 10 bit, max. 16 Ausgabekanäle |
| IA | Inkrementalausgabe für rechnergeführte Regelung | 16 Ausgänge |
| AAH[1]) | Analogausgabe mit zentralem D/A-Wandler und Halteverstärker | 15 Ausgänge, 8 bit |

[1]) für ursadat 4010
[2]) Block vom Typ C

Analogmeßwerte über Meßstellenumschalter AER möglich. PROA (**Prozeßausgabe**) dient der Datenübernahme durch Funktionsblöcke, die mit der SI 2.2-Adresse bezeichnet werden. Die ESKO-Rufe führen Maschinenbefehle für die Ein- und Ausgabe aus (ENA, AVA) und stellen in der AS das Ausgabewort bereit bzw. übernehmen die ankommenden Daten aus der AS in den Rechner. Der Programmierer braucht hierbei die Struktur der Anschlußsteuerung und die Details ihrer Bedienung nicht zu kennen. Durch die Verwendung von ESKO-Rufen oder geeigneter Makro-Befehle in Betriebssystemen anderer Rechnertypen wird der Programmierungsaufwand einschließlich der erforderlichen Testarbeiten erheblich verringert; außerdem werden die Programme übersichtlicher.

Im Rahmen des Gerätesystems zur automatischen Messung elektrischer Größen und zur Meßwertverarbeitung wurde das Leiterkartensortiment SIM 101 entwickelt [69], das den Anschluß von Funktionseinheiten an SI 2.2 ermöglicht. Die $90 \times 170$ mm² großen Leiterkarten mit 58-poligen Steckverbindern realisieren die Blocksteuerung BSL, Kabelempfänger KKE, Kabelsender KKS, Ausgabebaugruppe Steuerung ABS und Register ABR, Eingabebaugruppe Steuerung EBS und Torung EBT sowie Leitungsverstärker für Ein- und Ausgabe. Die Hand-Shake-Signale für den Datenaustausch mit angeschlossenen Geräten entsprechen SI 1.2. Diese Karten werden in den Geräten des erwähnten Systems für den SI 2.2-Anschluß benutzt, z. B. Analog-Digital-Umsetzer ADU 501 ($\leqq 10^3$ Umsetzungen/s, Codierung in 3 BCD-Stellen) und ADU 502 ($\leqq 10^4$ Umsetzungen/s, binäre Verschlüsselung), Automatikimpulszeitmesser AIM 101 (Zeitbereich etwa 1 ns bis 100 ms), Relais- und Koaxialschaltfelder für die programmierbare Verknüpfung von Signalen zwischen Generator, Meßobjekt und Meßgerät.

Für einen relativ einfachen und preisgünstigen Anschluß von Meßsystemen an SI 2.2 bietet sich auch das Prozeßinterface Mansfeld PIM des VEB Mansfeld-Kombinat an. Die SI 2.2-Steuerung für 256 Adressen, die sich auf verschiedene Digitalein- und -ausgabekarten sowie Analogein- und -ausgänge beziehen, ist zu einer Einheit zusammengefaßt, die eine interne Busleitung zum Anschluß der Funktionsleiterkarten betreibt.

## 3.5. *Modulares Instrumentierungssystem* CAMAC

Das modulare Instrumentierungssystem CAMAC hat seinen Ursprung in den Anforderungen aus der Kopplung kernphysikalischer Meßapparaturen mit Rechnern. Die erste CAMAC-Version wurde vom ESONE-Komitee 1969 veröffentlicht. Die verschiedenen Spezifikationen über Datenwege, Signalgrößen und Programmierung erschienen 1972 und später [33, 34, 35, 44–48, 70]. In der Struktur entspricht CAMAC einem Linieninterface. CAMAC kann gelesen werden als **C**omputer **A**ided **M**easurement **A**nd **C**ontrol.

CAMAC hat große internationale Verbreitung gefunden und wird in vielen Disziplinen der naturwissenschaftlichen und medizinischen Grundlagenforschung, der angewandten Forschung und der Industrie zur Datenerfassung und -verarbeitung sowie zur Führung der Meßapparatur durch einen angeschlossenen Kleinrechner eingesetzt. Kennzeichnend für CAMAC ist die Festlegung solcher logischen, elektrischen und mechanischen Bedingungen, die für die Kompatibilität der Moduln wesentlich sind. Dadurch ist gewährleistet, daß Moduln verschiedenster Hersteller austauschbar sind und ohne die sonst üblichen und sehr aufwendigen Anpassungsarbeiten in das Meßsystem einbezogen werden können. Die Festlegung der entscheidenden Zusammenschaltungsbedingungen erleichtert außerdem die Entwicklung und Herstellung von Moduln, die Gestaltung der Bedienprogramme und den Service.

**Struktur des horizontalen Datenwegs und der CAMAC-Moduln.** Allen CAMAC-Konfigurationen ist ein Rahmen (Crate) gemeinsam, der gewöhnlich 19 Zoll breit ist und maximal 25 Stationen auf den mit N = 1 bis 25 numerierten Stationsplätzen aufnehmen kann (Abb. 26). Das Rastermaß ist 17,2 mm. In den Rahmen werden die Einschubeinheiten (Moduln) eingeschoben, die eine oder mehrere Stationen belegen und über 2 × 43-polige direkte

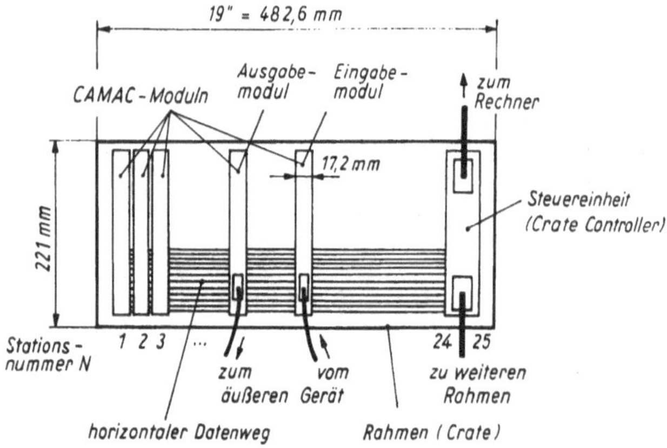


Abb. 26. CAMAC-Rahmen mit Moduln, stark vereinfacht

Steckverbinder mit vorgeschriebener Kontaktzuordnung an die Busleitung, den sogenannten horizontalen Datenweg oder Crate Highway, angeschlossen werden. Über diese Sammelleitung erfolgt der gesamte Informationsaustausch zwischen Modul und Rechner und die Stromversorgung der Moduln. Tabelle 8 gibt die Belegung des horizontalen Datenwegs an einem CAMAC-Modul wieder.

Tabelle 8

Standardverwendung des CAMAC-Datenweges [44]

| Bezeichnung Kennzeichen | Zahl der Anschlüsse | Verwendung bei einem Modul |
|---|---|---|
| **Befehl** | | |
| Stationsnummer N | 1 | Moduladresse (Stichleitung) |
| Subadresse A1, 2, 4, 8 | 4 | Adresse eines Teils des Moduls |
| Funktion F1, 2, 4, 8, 16 | 5 | im Modul auszuführende Funktion |
| **Zeitsignale** | | |
| Strobe 1 S1 | 1 | Steuern erste und zweite Phase der |
| Strobe 2 S2 | 1 | Operation (ohne bzw. mit Änderung der Datenwegsignale) |

Tabelle 8 (Fortsetzung)

| Bezeichnung | Kennzeichen | Zahl der Anschlüsse | Verwendung bei einem Modul |
|---|---|---|---|
| **Daten** | | | |
| Schreiben | W1 – W24 | 24 | Einschreiben von Daten in den Modul |
| Lesen | R1 – R24 | 24 | Lesen von Daten aus dem Modul |
| **Status** | | | |
| Anforderung | L | 1 | Modul fordert Bedienung (LAM-Signal), Stichleitung zur Steuereinheit |
| Echo | Q | 1 | Status eines angewählten Teils des Moduls |
| Belegt | B | 1 | Datenweg-Operation läuft |
| Befehl angenommen | X | 1 | Modul kann den Befehl ausführen |
| **Gemeinsame Steuersignale**[1]) | | | |
| Initialisieren | Z | 1 | Setzt mit B und S2 den Modul in einen definierten Zustand |
| Sperren | I | 1 | Sperrt bestimmte Vorgänge für die Dauer des Signals |
| Löschen | C | 1 | Löscht Register, begleitet von B und S2 |
| **Nicht-Standard-Verbindungen** | | | |
| freie Sammelleitungen | P1, P2 | 2 | |
| Sonderanschlüsse | P3, P4, P5 | 3 | |
| **Versorgungsleitungen** | | | |
| Vorgeschrieben: | | | |
| +24 V, +6 V, –6 V, –24 V | | 4 | |
| 0 V | | 2 | |
| zusätzlich: | | | |
| +200 V, +12 V, –12 V | | 3 | |
| 117 V~ | | 2 | |
| störungsfreie Erde | | 1 | |
| Reserve | | 2 | |
| | | 86 Anschlüsse | |

[1]) Wirken auf alle mit ihnen verbundenen Teile, kein Befehl erforderlich

Die Modultiefe beträgt 305 mm; eine 17,2 mm breite Modul-Einheit kann eine Leiterkarte mit den maximalen Abmessungen von etwa 180 × 285 mm² aufnehmen.

Die Kopplung zum Rechner vermittelt die Steuereinheit (Controller), die im Rahmen meist die Stationen 24 und 25 einnimmt. Je nach den Eigenschaften der Steuerung lassen sich unterschiedliche Konfigurationen des Gesamtsystems aufbauen. Der horizontale Datenweg und die Moduln sind weder von der gewählten Konfiguration noch vom verwendeten Rechner abhängig. Dem Entwickler und Anwender ist es überlassen, ob CAMAC-Moduln vollständige Funktionseinheiten darstellen, z. B. Impulszähler oder Analog-Digital-Wandler, oder ob sie als Ein- oder Ausgabe-Moduln die Datenübertragung zwischen externen Geräten und dem Rechner vermitteln.

CAMAC unterscheidet zwei Arten von Datenweg-Operationen:

1. *Befehlsoperationen mit der Adressierung* NAF. Der Modul wird von der Steuereinheit über die Stichleitung N adressiert. Je Stationsnummer sind bis zu 16 Register über die 4 bit Subadresse A aufrufbar. Der 5 bit umfassende Funktionscode F bezeichnet die auszuführende standardisierte Operation (Tabelle 9). Die Funktionscodes unterscheiden 2 Gruppen von Registern: Register der Gruppe 1 für „normale“ Daten und Register der Gruppe 2 für Status- und Kontrollinformationen. Die Entschlüsselung der Stationsnummer N erfolgt in der Steuereinheit und die Decodierung von A und F im Modul. Die Datenleitungen umfassen 24 R-Leitungen für das Lesen von Daten und 24 W-Leitungen für Schreib-Daten. Der Befehl NAF liegt während einer Datenweg-Operation an allen Moduln an, löst in der adressierten Einheit aber erst durch die zeitlich versetzten, je 100 ns langen und gegenüber dem Beginn des Datenwegzyklus um mindestens 400 ns verzögerten Strobe-Signale S1 und S2 Aktionen aus (vgl. Abb. 16). Lesedaten werden von der Steuereinheit während S1 bewertet, Schreibdaten übernimmt der Modul ebenfalls zur Zeit S1. Die Daten müssen also bis zum Beginn von S1 eingeschwungen sein. Das zweite Strobe-Signal S2 wird für Aktionen benutzt, die den Zustand der Lese- oder Schreibleitungen auf dem Datenweg ändern können, z. B. Löschen von Registern,

Tabelle 9

Funktionscodes des CAMAC-Datenweges [44]

| Code F( )[1] | Funktion |
|---|---|
| **Benutzung der R-Leitungen** | |
| F(0) | Lesen eines Registers der Gruppe 1 |
| F(1) | Lesen eines Registers der Gruppe 2 |
| F(2) | Lesen und Löschen eines Registers der Gruppe 1 |
| F(3) | Lesen des Komplements eines Registers der Gruppe 1 |
| **Funktionen ohne Benutzung der R- und W-Leitungen** | |
| F(8) | Prüfung der Anforderung (Test LAM) |
| F(9) | Löschen eines Registers der Gruppe 1 |
| F(10) | Löschen der Anforderung |
| F(11) | Löschen eines Registers der Gruppe 2 |
| **Benutzung der W-Leitungen** | |
| F(16) | Überschreiben eines Registers der Gruppe 1 |
| F(17) | Überschreiben eines Registers der Gruppe 2 |
| F(18) | Selektives Setzen eines Registers der Gruppe 1 |
| F(19) | Selektives Setzen eines Registers der Gruppe 2 |
| F(21) | Selektives Löschen eines Registers der Gruppe 1 |
| F(23) | Selektives Löschen eines Registers der Gruppe 2 |
| **Funktionen ohne Benutzung der R- und W-Leitungen** | |
| F(24) | Abschalten (Disable) |
| F(25) | Ausführen (Execute)[2] |
| F(26) | Einschalten (Enable) |
| F(27) | Prüfen des Status |

[1]) Nicht-Standard: F(4), F(6), F(12), F(14), F(20), F(22), F(28), F(30);
Reserviert: F(5), F(7), F(13), F(15), F(29), F(31).

[2]) Kann beispielsweise verwendet werden, um im Modul einen Impuls zu erzeugen.

deren Ausgang auf den Datenweg geschaltet ist. Der Datenwegzyklus dauert im Minimum 1 μs.

2. *Nicht adressierte Operationen.* Hierbei gibt die Steuereinheit Steuersignale Initialisieren Z (Anfangszustand herstellen) oder Löschen C an alle eingeschobenen Moduln ab; diese Signale werden mit S2 wirksam.

Von großer praktischer Bedeutung für die Organisation des Datentauschs sind die Statussignale. Über die Anforderung L (look-at-me, LAM-Signal) kann jeder Modul über eine zu seiner Station führende Stichleitung die Aufmerksamkeit der Steuerung erregen, z. B., um über eine Programmunterbrechung des Rechners ein Bedienprogramm für einen Datentransfer auszulösen. Bei mehreren Anforderungsquellen in einem Modul stellt L die disjunktive Verknüpfung dar. In [44] sind Möglichkeiten für die Struktur der LAM-Behandlung im Modul vorgeschrieben. Die einzelnen LAM-Quellen im Modul lassen sich mit Subadressen A(i) verknüpfen, so daß zur Identifizierung der Anforderungsquelle der Zustand der LAM-Quellen über N · A(i) · F(8) getestet werden kann. In Moduln mit mehreren LAM-Quellen ist es auch möglich, sie den einzelnen Stellen eines Anforderungsregisters mit der empfohlenen Subadresse A(12) zuzuordnen. Die Erzeugung eines LAM-Signals durch eine gesetzte LAM-Quelle kann man durch Maskieren unterdrücken, entweder durch Befehle A(i) · F(24) oder durch Setzen des Anforderungs-Maskenregisters A(13); im letzteren Fall erfolgt das Auslesen der maskierten LAM-Anforderungen mit N · A(14) · F(1).

Das Belegt-Signal B zeigt allen Moduln an, daß eine Datenweg-Operation läuft. Das Echo Q wird vielfach benutzt: als Meldung Q = 1, wenn der Modul momentan zur Ausführung eines Befehls NAF bereit ist oder wenn die getestete LAM-Quelle gesetzt ist. Q wird auch für die Übertragung von Datenblöcken verwendet; in dieser Betriebsweise wird von der Steuereinheit beispielsweise die Subadresse inkrementiert, bis Q = 0 als Blockende angezeigt wird (detaillierte Festlegungen siehe [44]). Das Signal Befehl angenommen X nimmt den Zustand X = 1 an, wenn der Modul von der Konstruktion her zur Ausführung des Befehls NAF in der Lage ist; X = 0 stellt daher einen ernsthaften Fehler dar wie Programmierungsfehler, fehlende Stromversorgung oder auch fehlender Modul.

Für den Datenweg sind TTL-Pegel vorgeschrieben. Das tiefe Potential gilt als aktiver Pegel. Die Ausgangssignale aller eingeschobenen Moduln werden über wired-OR an die Busleitungen angeschlossen.

Den grundsätzlichen Aufbau eines CAMAC-Moduls kann man an Hand der Abb. 27 leicht übersehen. Es ist stark vereinfacht das Schema eines Impulszählers dargestellt, der über Befehle F(26) und F(24) gestartet und gestoppt wird. Mit N · A(0) · F(0) oder N · A(0) · F(2) kann der Zählerinhalt auf die R-Leitungen übertragen werden; während dieser Lese-Operation ist der Zählereingang gesperrt. Überläufe des Zählerregisters setzen den LAM-Speicher und können, wenn dies mit N · A(4) · F(26) erlaubt wird, ein statisches LAM-Signal erzeugen, das mit N · A(4) · F(8) getestet und mit N · A(4) · F(10) gelöscht wird.

In Abb. 27 sind die Verwendung von B bei der NAF-Bildung und die ODER-Verknüpfung aller 9 vorgesehenen NAF-Befehle zur Erzeugung des X-Signals nicht gezeichnet. Viele CAMAC-Impulszähler enthalten in einer Einheit einfacher Breite, d. h. 17,2 mm, 4 oder mehr derartige, unabhängig voneinander arbeitende Zählerregister. Bei einem solchen Vierfachzähler könnten beispielsweise die Zählerregister den Subadressen A(0) bis A(3) und die LAM-Logik A(4) bis A(7) zugeordnet werden, sofern man in diesem Fall nicht von einem 4 bit LAM-Register A(12) und dem LAM-Maskenregister A(13) Gebrauch macht.

CAMAC-Moduln, die für automatisierte Meßsysteme geeignet sind, sollten so konstruiert sein, daß alle vom Rechner ladbaren Register für Daten, Steuer- und Statusinformationen zu Kontrollzwecken wieder auslesbar sind. Über die Frontplatte des Moduls laufende Steuervorgänge für angeschlossene externe Geräte müssen vom Rechner kontrollierbar sein, z. B. der Zustand eines Eingangstors in einem Impulszähler.

**Konfiguration von CAMAC-Systemen.** Für die Verbindung zwischen dem horizontalen Datenweg und der für einen Linienverkehr typischen zentralen Steuereinheit sind bei CAMAC mehrere Varianten gebräuchlich, die sich in

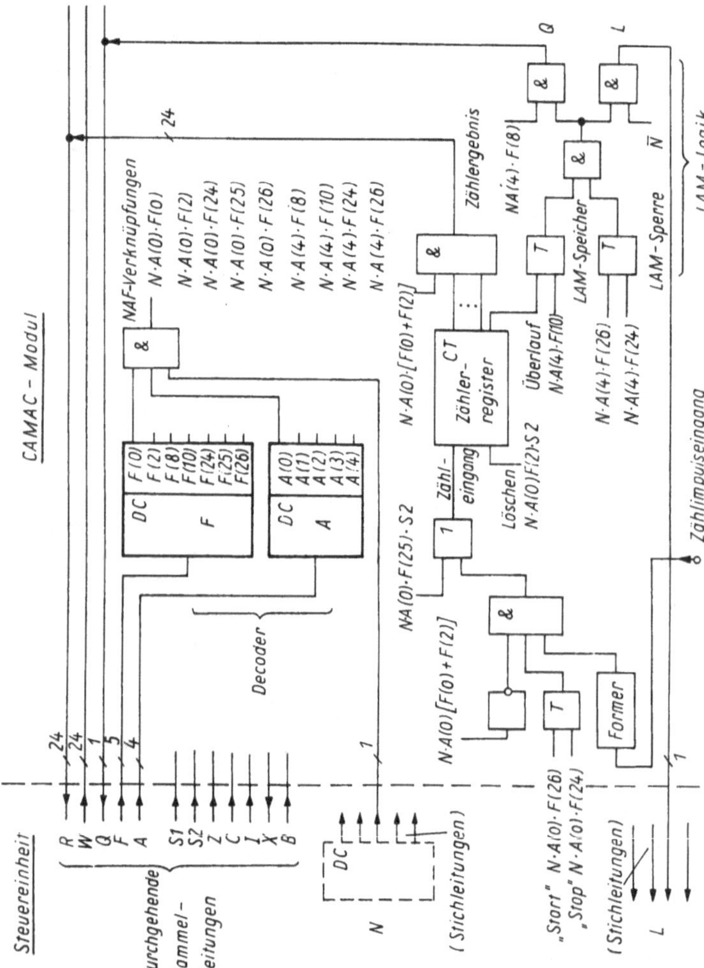
CAMAC - Modul
Steuereinheit
R
W
Q
F
A
S1
S2
Z
C
I
X
B
durchgehende Sammelleitungen
24
24
1
5
4
1
DC
N
(Stichleitungen)
„Start" N·A(0)·F(26)
„Stop" N·A(0)·F(24)
(Stichleitungen)
L
Decoder
DC F
F(0)
F(2)
F(8)
F(10)
F(24)
F(25)
F(26)
DC A
A(0)
A(1)
A(2)
A(3)
A(4)
&
NAF-Verknüpfungen
N·A(0)·F(0)
N·A(0)·F(2)
N·A(0)·F(24)
N·A(0)·F(25)
N·A(0)·F(26)
N·A(4)·F(8)
N·A(4)·F(10)
N·A(4)·F(24)
N·A(4)·F(26)
24
Zählergebnis
N·A(0)·[F(0)+F(2)]
CT
Zähler-register
Zähl-eingang
Löschen
N·A(0)·F(2)·S2
N·A(0)·F(25)·S2
NA(0)·[F(0)+F(2)]
N·A(0)[F(0)+F(2)]
Former
T
Überlauf
N·A(4)·F(10)
LAM-Speicher
N·A(4)·F(26)
N·A(4)·F(24)
LAM-Sperre
NA(4)·F(8)
N̄
Q
L
LAM-Logik
Zählimpulseingang

Leistungsfähigkeit und Aufwand erheblich voneinander unterscheiden. Die Steuereinheit stellt entweder selbst einen Rechner dar oder vermittelt den Übergang zwischen dem horizontalen Datenweg zum programmgesteuerten E/A-Kanal eines Rechners.

Die spezialisierte Rahmensteuerung (dedicated crate controller) verbindet unmittelbar den E/A-Kanal des Rechners mit dem Datenweg des Rahmens (Abb. 28a); sie ist vom Rechnertyp abhängig. Diese Lösung ist vom Aufwand her gesehen für kleine CAMAC-Systeme mit einem oder sehr wenigen Rahmen günstig, hat aber auch Nachteile. Die Übertragungslänge zwischen E/A-Kanal und Rahmensteuerung, die als peripheres Gerät des Rechners wirkt, ist gewöhnlich auf wenige Meter beschränkt und kann zu Schwierigkeiten bei der Aufstellung von Rechner und CAMAC-Elektronik führen. Eine Erweiterung des CAMAC-Systems auf mehr als 1 Rahmen ist durch Anschließen mehrerer spezialisierter Rahmensteuerungen an die E/A-Rechnersammelleitung möglich, sofern der Adressenvorrat des Rechners für den E/A-Verkehr ausreichend groß ist. Diese Ankopplung bietet bei den meisten Rechnern keine prinzipiellen Schwierigkeiten. Vorteilhaft ist, daß z. B. bei der Ankopplung an den Unibus der Rechnerfamilie PDP-11 die Rahmensteuerung auch

---

←

Abb. 27. Schema eines CAMAC-Moduls Impulszähler; die Beschaltung von Z, C, I, B und X wurde wegen der besseren Übersichtlichkeit weggelassen. Verwendeter Befehlsschlüssel:

A(0) Zählerregister, A(4) LAM-Logik,
N · A(0) · F(0) Lesen des Zählerinhalts,
N · A(0) · F(2) Lesen und Löschen des Zählerinhalts,
N · A(0) · F(24) Zählerstop,
N · A(0) · F(25) Inkrementieren, d. h. Zählerinhalt +1 für Prüfzwecke,
N · A(0) · F(26) Zählerstart,
N · A(4) · F(8) Test auf LAM-Anforderung,
N · A(4) · F(10) Löschen der LAM-Anforderung,
N · A(4) · F(24) Blockieren des LAM-Signals,
N · A(4) · F(26) Zulassen des LAM-Signals

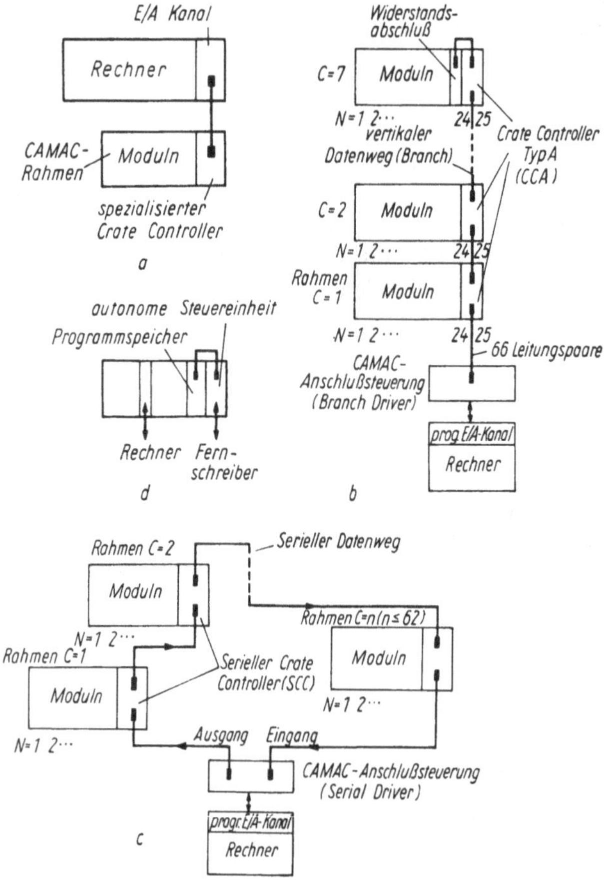


Abb. 28. Konfiguration von CAMAC-Systemen;
a: mit rechnertypabhängiger Rahmensteuerung,
b: vertikaler Datenweg,
c: serieller Datenweg,
d: Rahmen mit autonomer Steuereinheit

für den direkten Speicherzugriff DMA ausgelegt werden kann [71].

Der vertikale Datenweg (Branch Highway) wird von einer CAMAC-Anschlußsteuerung (Branch Driver) am E/A-Kanal des Rechners gespeist (Abb. 28b). Die Eigenschaften des vertikalen Datenwegs und des Crate Controllers Typ A sind vom Rechnertyp unabhängig; Struktur und Funktion sind in [45] fixiert. An den vertikalen Datenweg können insgesamt 7 Rahmen mit den Adressen C = 1 bis C = 7 angeschlossen werden. Der vollständige Befehl für einen Modul lautet daher CNAF. Die Datenübertragung auf dem vertikalen Datenweg erfolgt parallel mit 24 bidirektionalen Leitungen für Lesen und Schreiben und wird von Hand-Shake-Signalen gesteuert (s. Abb. 17). Der vertikale Datenweg umfaßt 66 verdrillte Leitungspaare und kann ohne weiteres für Übertragungslängen bis zu 50 m eingesetzt werden.

Der serielle Datenweg (Abb. 28c) überträgt die Daten zwischen dem Rechner und den CAMAC-Rahmen byte- oder bitseriell [47] und eignet sich für den Aufbau von CAMAC-Systemen, die sich über große Entfernungen erstrecken, z. B. in Industrieanlagen, Krankenhauskomplexen u. ä. In einer Schleife sind bis zu 62 CAMAC-Rahmen anschließbar. Die byte-serielle Übertragung erfordert 8 Signalleitungen und 1 Taktleitung, so daß die Kabelkosten gegenüber der Anwendung des vertikalen Datenwegs erheblich zurückgehen. Dies wird allerdings mit einem relativ komplizierten seriellen Crate Controller (SCC) und einer geringeren Übertragungsgeschwindigkeit erkauft, doch wird bei vielen Anwendungen in der Laborautomatisierung und in der Prozeßüberwachung und -steuerung ohnehin keine hohe Übertragungsrate gefordert. Durch Prüfung der Parität innerhalb jedes übertragenen Bytes (transversale Parität) und der longitudinalen Parität aller Bytes in einem Summenbyte erreicht man eine hohe Störsicherheit der Datenübertragung. In den seriellen Datenweg können langsame Übertragungskanäle wie Telefonleitungen einbezogen werden.

Die Verwendung von CAMAC-Moduln wird in vielen kleinen Laboratorien u. ä. attraktiv, wenn die Steuereinheit autonom arbeitet und keinen ständigen Zugriff zu einem Kleinrechner erfordert. Die autonome Steuereinheit organisiert den Datenverkehr auf dem horizontalen Datenweg nach einem vorgegebenen Programm, das über Lochstreifen schrittweise eingelesen wird oder in einem Speichermodul mit Festwertspeichern (ROM) verfügbar ist. Durch den Einbau eines Mikrorechners in die Steuereinheit konnte 1975 ein wesentlicher Fortschritt in der Realisierung autonomer Steuereinheiten erzielt werden („intelligente" Crate Controller, [72]). Über Ein- und Ausgaberegister läßt sich bei Bedarf ein Kleinrechner anschließen, der damit vom Standpunkt der CAMAC-Steuereinheit ein peripheres Gerät darstellt (Abb. 28d).

Die in Abb. 28 wiedergegebenen Konfigurationen können mit kommerziell lieferbaren Moduln und Steuereinheiten aufgebaut werden. Besondere Anforderungen in Laboratorien der Grundlagenforschung, vor allem der Hochenergie- und Elementarteilchenphysik, führten zu weiteren Modifikationen, auf die hier nicht eingegangen wird. Erwähnt werden soll lediglich, daß CAMAC-Moduln auch zur Kopplung von Rechnern untereinander im Gebrauch sind.

**Zur Realisierung von CAMAC.** Von weit mehr als 50 Herstellern wurden 1975 etwa 1100 verschiedene Typen von CAMAC-Moduln und CAMAC-Steuereinheiten angeboten [32]. Für die meisten Kleinrechnertypen sind spezialisierte Crate Controller und CAMAC-Anschlußsteuerungen verfügbar. Hinzu kommt noch eine große Zahl von Laborentwicklungen, die oftmals ganz auf einen besonderen Anwendungszweck zugeschnitten sind und nur für den Eigenbedarf hergestellt werden. Eine Übersicht über das breite Spektrum der CAMAC-Hardware vermittelt Tabelle 10; die Gliederung entspricht dem CAMAC-Product Guide in [33]. Im Vereinigten Institut für Kernforschung Dubna (UdSSR) wurden größenordnungsmäßig 100 ver-

Tabelle 10

Verfügbare Bestandteile des modularen Instrumentierungssystems CAMAC

1. Datenmoduln (Ein- und Ausgabe, Datenbearbeitung)
1.1. Digitale serielle Eingabemoduln (Zähler, Vor-Rückwärtszähler, Zeitintervallmessung)
1.2. Digitale parallele Eingabemoduln (Eingaberegister, Eingangstore, Koinzidenzregister, Parametereingabe, Wortgenerator, Anforderungsregister)
1.3. Digitale Ausgabemoduln (Echtzeituhr, voreinstellbare Timer, Impulsgeneratoren, Parallelausgangsregister mit verschiedenen Pegeln, Treibermoduln verschiedener Ausführung)
1.4. Digitale Ein- und Ausgabe für die Kopplung mit externen Geräten (Interface für Fernschreiber, Lochstreifengeräte, Magnetbandkassette, Zeichengerät, Sichtschirm, Speicheroszillograph, Treiber für Schrittmotoren)
1.5. Digitalverarbeitung (Verzweiger, Pegelwandler, Code-Wandler, Pufferspeicher)
1.6. Analogmoduln (Analog-Digital-Wandler für Gleichspannung und Impulse, Zeit-Digital-Wandler, Digital-Analog-Wandler bis 12 bit Auflösung, Analog-Multiplexer, Verstärker, Diskriminatoren)

2. Systemsteuerung (Anschlußsteuerungen für Rechner und Rahmensteuerungen)
2.1. Anschlußeinheiten und Rahmensteuerungen für Systeme mit einem Rahmen (nach EUR 4100) und mit dem vertikalen Datenweg (nach EUR 4600), autonome Rahmensteuerungen und „intelligente" Crate-Controller
2.2. Anschlußeinheiten und Rahmensteuerung für den seriellen Datenweg
2.3. Einheiten für den vertikalen Datenweg (Crate-Controller Typ A, LAM-Grader, Datenweg-Abschlußeinheiten)

3. Testgeräte (Simulatoren und von Hand einstellbare Steuereinheiten, z. B. Hand-Controller, Datenweg-Anzeigemoduln)

4. Rahmen, Spannungsversorgungseinheiten, Leermoduln, Kabel, Universalleiterkarten und sonstiges Zubehöhr

schiedene Modultypen für die Datenerfassung und -verarbeitung bei Experimenten der Kern- und Elementarteilchenphysik entwickelt [73, 74]. In der DDR laufen Entwicklungsarbeiten zu CAMAC u. a. an der Technischen Universität Dresden und im Zentralinstitut für Kernforschung Rossendorf, das auch vielfach benötigte Moduln wie Impulszähler, Ein- und Ausgaberegister in Kleinserie fertigt. Im Rahmen von Interatominstrument wird an der Abstimmung der Entwicklung und Fertigung von CAMAC innerhalb der RGW-Länder gearbeitet. In der

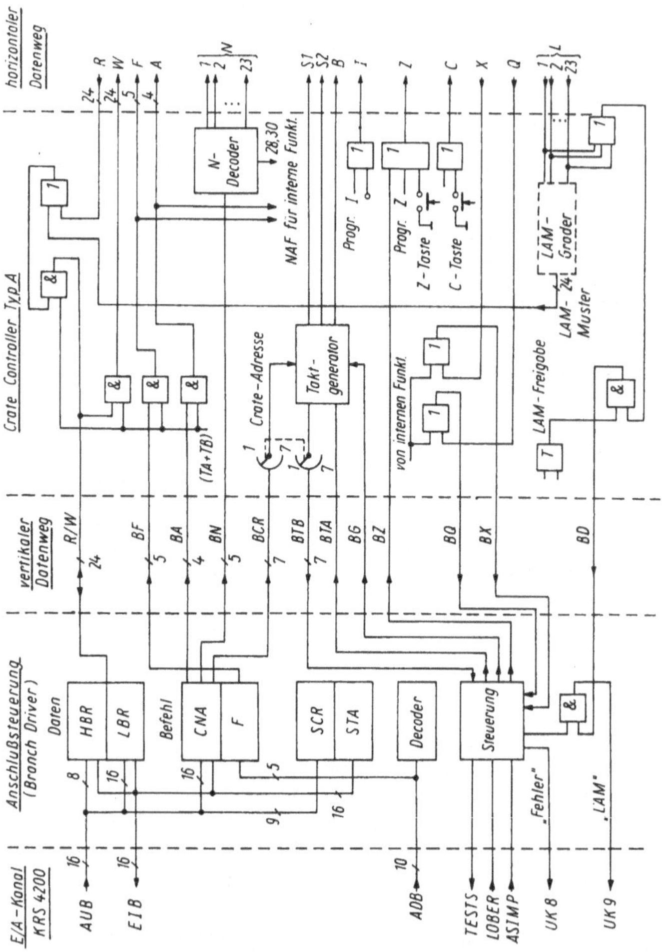
E/A-Kanal
KRS 4200
Anschlußsteuerung
(Branch Driver)
vertikaler
Datenweg
Crate Controller Typ A
horizontaler
Datenweg
Daten
HBR
LBR
Befehl
CNA
F
SCR
STA
Decoder
Steuerung
„Fehler"
„LAM"
AUB
EIB
ADB
TESTS
LOBER
ASIMP
UK 8
UK 9
R/W
BF
BA
BN
BCR
BTB
BTA
BG
BZ
BQ
BX
BD
(TA+TB)
Crate-Adresse
Takt-
generator
N-
Decoder
28,30
NAF für interne Funkt.
Progr. I
Progr. Z
Z-Taste
C-Taste
von internen Funkt.
LAM-Freigabe
LAM-
Muster
LAM-
Grader
R
W
F
A
N
S1
S2
B
I
Z
C
X
Q
L

Sowjetunion wurde das System VEKTOR entwickelt, das zu CAMAC elektrisch kompatibel ist, aber auf dem 20 mm Raster beruht; über geeignete Adapter lassen sich auch CAMAC-Moduln im VEKTOR-Rahmen einsetzen.

Für den Rechner TPAi sind spezialisierte Crate Controller und Branch Driver zum Anschluß eines vertikalen Datenwegs nach [45] verfügbar. Der Kleinrechner KRS 4200 kann mit einer CAMAC-Anschlußsteuerung (AS 10) für den vertikalen Datenweg ausgerüstet weden [55]; dies sichert günstige Anschluß- und Aufstellungsbedingungen für maximal 7 Rahmen, die über Rahmensteuerungen des Typs A angeschlossen werden [45, 75].

Das Blockschaltbild der CAMAC-Anschlußsteuerung für den KRS 4200 und des Crate Controllers Typ A nach [45] ist in Abb. 29 wiedergegeben. Die Anschlußsteuerung enthält ein 24 bit Register für die Aufnahme der Schreib- und Lesedaten. Es kann mit AVA-Befehlen über den Ausgabebus AUB des programmierten E/A-Kanals beschrieben und mit ENA-Befehlen über den Eingabebus EIB gelesen werden. Der niederwertige Teil der Daten mit 16 bit Länge wird im Register LBR und der höherwertige Datenteil von 8 bit Länge im Register HBR gespeichert. Mit diesen Registern ist es möglich, über einen Lesebefehl die Eingabedaten eines CAMAC-Moduls aufzunehmen und anschließend mit einem Schreibbefehl einem anderen Modul als Ausgabedaten zuzuführen, ohne die Daten erst mit einer zeitaufwendigen Routine in den Rechnerspeicher zu transportieren. Die an den vertikalen Datenweg maximal 7 anschließbaren Rahmensteuerungen vom Typ A werden über Stichleitungen BCR aufgerufen, um eine gleichzeitige Adressierung mehrerer Rahmen zu ermöglichen. Deshalb wird jeder Rahmennummer eine Stelle des Registers CNA zugeordnet. Folglich weist CNA wegen der 7 bit für C, 5 bit für N und 4 bit für A eine Länge von

---

←

Abb. 29. Blockschaltbild der CAMAC-Anschlußsteuerung des KRS 4200 und des Crate Controllers Typ A

16 bit auf. Das CNA-Register wird vom Akkumulator des Rechners über einen AVA-Befehl geladen; vom Adressenbus ADB des E/A-Kanals werden mit dem gleichen AVA-Befehl die 4 bit Funktionscode und 1 bit der Geräteadresse zum Setzen des Registers für den CAMAC-Funktionscode F verwendet. Auf diese Weise wird mit einem einzigen AVA-Befehl der komplette Befehl CNAF bereitgestellt. Anschließend wird automatisch der CAMAC-Übertragungszyklus durch Aussenden des Hand-Shake-Signals BTA ausgelöst (vgl. Abb. 17). Die Steuerung koordiniert den Datentransfer der Anschlußsteuerung mit dem Rechner und mit den angeschlossenen CAMAC-Rahmen. Das Signal TESTS bezieht sich auf die Bereitschaftsabfrage, LOBER und ASIMP sind Steuerimpulse. Das Statusregister STA enthält die Adressen der an den vertikalen Datenweg angeschlossenen und eingeschalteten Rahmensteuerungen, Daten über das Regime der Anschlußsteuerung (z. B. sequentielle Adressierung bei Blockübertragung) und Fehlermeldungen durch Auswertung der Signale X und Q aus dem horizontalen Datenweg. Fehlerhafte Zustände lösen eine Programmunterbrechung über den externen PU-Kanal UK 8 aus. Das Register SCR ist ein Hilfszähler für die Durchführung der sequentiellen Adressierung. Das Signal BD als disjunktive Verknüpfung aller LAM-Signale des vertikalen Datenwegs fordert eine Programmunterbrechung über UK 9 an. Mit dem Signal BG wird die Übertragung des „graded-LAM-Musters" über BRW zur Auswertung der LAM-Quellen angefordert. BZ erzeugt das Initialisierungssignal.

Der vertikale Datenweg mit seinen 66 Leitungspaaren wird durch alle Rahmensteuerungen vom Typ A geschleift und am Ende mit 100 Ω je Leitungspaar abgeschlossen. Zentraler Teil der Rahmensteuerung vom Typ A (Abb. 29) ist der Taktgenerator, der über BTA und BTB mit der Anschlußsteuerung koordiniert ist; er erzeugt die Strobe-Signale S1 und S2. Die Datenleitungen R und W des horizontalen Datenwegs werden zu BRW zusammengeführt. Die Stationsnummer N wird in der Rahmensteuerung entschlüsselt und ergibt die Stichleitungen für N = 1 bis 23. Die Nummern N = 28 und 30 werden zusammen mit einigen Subadressen und Funktionscodes für interne Operationen der Rahmensteuerung benutzt, z. B. Laden des Stationsnummernregisters zum gleichzeitigen Aufrufen mehrerer Moduln, Erlauben oder Sperren der Unterbrechungsanforderung BD und Einlesen des graded-LAM-Musters auf BRW. Mit einem separaten LAM-Grader können die L-Signale der Moduln eines Rahmens wahlweise den einzelnen Stellen eines Datenworts zugeordnet werden, um die Identifizierung der LAM-Quellen durch Auswertung dieses LAM-Musters zu beschleunigen. Beim Auslesen der LAM-Muster aller angeschlossenen Rahmensteuerungen, angefordert über BG, erhält man auf den Leitungen BRW die ODER-Verknüpfung der einzelnen Muster. Das ist bei der Zuordnung im LAM-Grader zu berücksichtigen. In der Rahmensteuerung werden ferner die Signale Löschen C und Sperren I sowie Belegt B erzeugt.

An den vertikalen Datenweg lassen sich auch andere Steuereinheiten anschließen, sofern die Bedingungen des Datenwegs nach [45] eingehalten werden. Ein Beispiel zeigt Abb. 30, das im VEB RFT Meßelektronik Dresden erprobt wurde [76]. Die Steuereinheit besorgt den Übergang zu einer vereinfachten Sammelleitung zum Anschluß von Ein- und Ausgabe-Moduln, die SI 1.2-Bedingungen für die Kopplung externer Geräte realisieren. Es wurden konstruktive Elemente des ESEG/EGS verwendet.

**CAMAC-Programmierung.** Im Interesse einer bequemen und schnellen Programmentwicklung sowie leicht durchzuführender Programm-Modifikationen bei Änderungen im Meßsystem ist eine CAMAC-Programmiersprache erforderlich, die die Festlegungen der CAMAC-Hardware berücksichtigt und ähnlich wie bei höheren Programmiersprachen, z. B. FORTRAN, keine Detailkenntnisse über den Befehlsablauf im Rechner, in dessen CAMAC-Anschlußsteuerung und in der CAMAC-Hardware voraussetzt.

Im Ergebnis der Tätigkeit der Software Working Group des ESONE-Komitees und des AEC-NIM Komitees (USA) wurde eine Intermediate Language IML CAMAC ausgearbeitet [48]. Charakteristisch für eine IML-Sprache

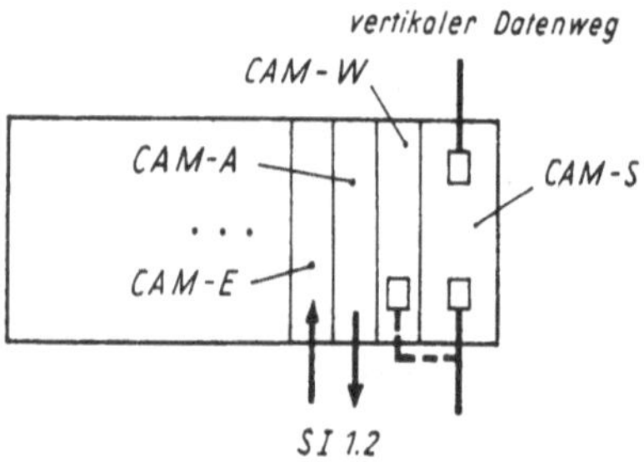


Abb. 30. Modifikation von CAMAC nach [76],
CAM-S Rahmensteuerung,
CAM-W Abschlußeinheit,
CAM-E Eingabe-Einheit
CAM-A Ausgabe-Einheit

ist, daß sie auf dem niedrigsten implementierungsunabhängigen Niveau steht und folglich nicht vom Rechnertyp abhängt. Damit und durch ihre Problemorientiertheit besitzt sie Züge einer höheren Programmiersprache. Andererseits stellt sie vom Standpunkt einer höheren Sprache eine Assemblersprache für Ein- und Ausgabe-Operationen sowie für Kontroll- und Steuerfunktionen der CAMAC-Peripherie dar. Die CAMAC-IML enthält keine Elemente der Datenverarbeitung, z. B. für arithmetische Operationen. Bei der Anwendung wird sie in ein „Wirtssystem" eingebettet, das das Rechnerbetriebssystem und die Sprache für die Formulierung des Datenverarbeitungsprogramms enthält. Während der Übersetzung eines Quellprogramms mit eingelagerten Programmteilen in

IML muß an den Übergangsstellen zwischen Wirtssprache und „Parasitensprache“ umgeschaltet werden.

CAMAC IML enthält Vereinbarungsanweisungen (declaration statements) und Ausführungsanweisungen (action statements). Die Vereinbarungsanweisungen beziehen sich auf Konstanten, CAMAC-Worte, Funktionscode F, Adressen B (Branch-Nummer), C, N, A, auf LAM-Quellen u. a. Die Ausführungsanweisungen umfassen Anweisungen an einen Modul für die Funktionen READ, WRITE, OPERATE und READ-STATUS und für die Mode, z. B. einzelner CAMAC-Zyklus SA (single action), Blocktransfer oder Vielfachadressierung; außerdem werden Adressen in der CAMAC-Hardware als externe Referenz und im Rechnerspeicher als interne Referenz vereinbart. Eine weitere Gruppe von Ausführungsanweisungen gilt für die Behandlung von LAM: Ein- und Ausschalten, Löschen, Testen, bezogen auf LAM-Quellen mit Zuordnung zu verschiedenen Subadressen oder auf die LAM-Register A(12) bis A(14). Weiterhin sind Ausführungsanweisungen für das System vorgesehen, die Funktionen im Crate Controller und in der CAMAC-Anschlußsteuerung des Rechners beinhalten.

In [48] ist eine Macro-Syntax IML-M1 formuliert. Sie ist bei Assemblern einsetzbar, die Makrobefehle zulassen. Beispielsweise wird mit

LOCD (⟨h-name⟩, H, ⟨bcna⟩)

einem Register mit der Adresse BCNA ein Name zugeordnet; H ist das Symbol für eine Hardware-Adresse.

LOCD ZAEHL, H, 1, 2, 5, 0

vereinbart für das Zählerregister eines Impulszählers mit der Adresse B = 1, C = 2, N = 5 und A = 0 die Bezeichnung ZAEHL.

Andererseits weist

LOCM (⟨v-name⟩, V, ⟨word-length⟩)

einer Speicherzelle für eine Variable V, die ein CAMAC-Wort mit angegebener Wortlänge darstellt, einen Namen zu, z. B. wird mit

LOCM INH, V, 16

eine Speicherzelle für 16 bit unter dem Namen INH definiert. Die Ausführungsanweisung für eine Einzeloperation hat z. B. das Format

SA (⟨f-read⟩, ⟨dev-1⟩, ⟨mem-1⟩)

mit ⟨f-read⟩ als Funktionscode für Lese-Operationen, ⟨dev-1⟩ als CAMAC-Adresse und ⟨mem-1⟩ als Speichernamen. Für Lesen und anschließendes Löschen eines Registers wird wegen F(2) = **r**ead and **c**lear group **1** register mit RC 1 bezeichnet. Folglich lautet die Ausführungsanweisung für das Lesen und Löschen des Zählerregisters ZAEHL und für das Abspeichern in die Speicherzelle INH:

SA RC 1, ZAEHL, INH.

Das LAM-Statusregister A(12) wird mit dem Makrobefehl

RLS (⟨bcn⟩, ⟨mem-1⟩)

in die vereinbarte Speicherzelle ⟨mem-1⟩ gelesen; ⟨bcn⟩ ist die Adresse BCN des betreffenden Moduls.

Die Macro-Syntax IML-M1 wurde für verschiedene Rechnertypen implementiert, s. [34, 48, 77]. Es ist zu erwarten, daß die Verbreitung dieser Sprachversion stark anwachsen wird. Andere Möglichkeiten sind das Schreiben von Subroutinen in FORTRAN [35, 78], in BASIC [32] und FOCAL vor allem für Rechner der Typen PDP-8 und TPA. Weitere Realisierungen sind in [32, 33] dargestellt. Vom ESONE-Komitee wird real-time BASIC für CAMAC vorbereitet [50]; eine bereits durchgeführte Implementation bezieht sich auf Rechner PDP-11 [79].

Im Jahre 1972 veröffentlichte die ESONE-Software Arbeitsgruppe einen Sprachvorschlag für CAMAC [49], der CAMAC-spezifische Sprachelemente in eine gebräuchliche Programmiersprache wie FORTRAN einbettet. Auf der Grundlage dieses Vorschlags entstand ein FORTRAN-Compiler [80]. Für den Kleinrechner KRS 4200, für den noch kein geeigneter Makroassembler verfügbar ist, wurde durch Erweiterung des erwähnten Sprachvorschlags eine selbständige algorithmische Echtzeitprogrammiersprache CAMAC 4200 geschaffen [81].

CAMAC 4200 ist in Struktur und Notation ähnlich zu FORTRAN IV. Die Problemprogramme des Anwenders können in Form von Programm-Moduln geschrieben werden, die aus einem Deklarations- und einem Anweisungsteil bestehen. Die Deklarationen umfassen Identitätsdeklarationen für die Zuordnung von Bezeichnungen zum Funktionscode, zu den Adressen und zu den LAM-Quellen sowie Variablen-Deklarationen, die auch die Verwendung von Common-Variablen einschließen. Die Anweisungen lassen sich in drei Kategorien einteilen:

- CAMAC-Peripherie-Anweisungen für alle Aktionen, die sich unmittelbar auf das CAMAC-System beziehen: Durchführung des Datentransfers, Steuer- und Testoperationen;
- Rechneranweisungen für Datenverarbeitung, Bereitstellung von Ausgabedaten und für Ein- und Ausgabe über die Standard-Peripherie: Ergibt-Anweisungen, d. h. Wertzuweisungen einschließlich der Formulierung von arithmetischen und logischen Ausdrücken, Sprunganweisungen, Konvertierungsanweisungen, Unterprogramm-Anweisungen, Code-Anweisungen für den Einschub von Assemblerelementen u. a.;
- Echtzeitanweisungen: LINK-Anweisung für die Verbindung der LAM-Quelle mit frei programmierbaren Behandlungsroutinen, Arbeit mit der Echtzeit-Uhr; Steuerprogrammrufe (ESKO) sind direkt verwendbar.

Zur Übersetzung der CAMAC 4200 Quellprogramme wurde für den Rechner KRS 4200 ein Einpaß-Precompiler entwickelt, dessen Zielcode die maschinenorientierte Programmiersprache SYPS 4200 ist. Die Übersetzung in die Assemblersprache verringert einerseits den Implementierungsaufwand und erleichtert andererseits den Einschub von Assembleranweisungen und die Verwendung vorhandener Systemprogramme. Ein spezielles LAM-Entschlüsselungsprogramm wird in das Echtzeitsteuerprogramm eingefügt und erlaubt die Deklaration sogenannter Expreß-LAM-Quellen, die schnell bedient werden; die maximale LAM-Frequenz, die bei der Anwendung dieses Entschlüsselungsprogramms verarbeitbar ist, beträgt etwa 5 kHz. CAMAC 4200 bezieht sich auf die CAMAC-Anschlußsteuerung des KRS 4200 (Abb. 29), die den Übergang zum vertikalen Datenweg nach [45] vermittelt.

## *3.6. Byteserielles-bitparalleles Interface (IEC-Bus)*

Das byteserielle-bitparallele Interface, auch IEC- oder Hewlett-Packard-Bus genannt, ist ein Linieninterface, bei dem im Gegensatz zum SI 2.2 und CAMAC die Datenübertragung von einem 3-Draht-Hand-Shake gesteuert wird. Außerdem können Daten eines Senders direkt zu einem oder mehreren Empfängern übertragen werden, wobei die Zentrale die teilnehmenden Geräte adressiert, selbst aber am Datentausch nicht unmittelbar beteiligt ist.

Die Struktur des IEC-Bus ist aus Abb. 31 erkennbar. Der IEC-Bus wird von einer Zentrale gesteuert, die im einfachsten Fall den auf Lochband gespeicherten Programmablauf in die entsprechenden Signale umsetzt. Während einer Datenübertragung kann nur 1 Gerät als Sender (Sprecher, Talker) arbeiten, doch können gleichzeitig mehrere Geräte als Empfänger (Hörer, Listener) beteiligt sein. Der Datenbus für Ein- und Ausgabe DIO umfaßt 8 Leitungen zur seriellen Übertragung einzelner Bytes, die Adressen, Daten und Befehle darstellen. Die Unterscheidung erfolgt über die jeweiligen Zustände der

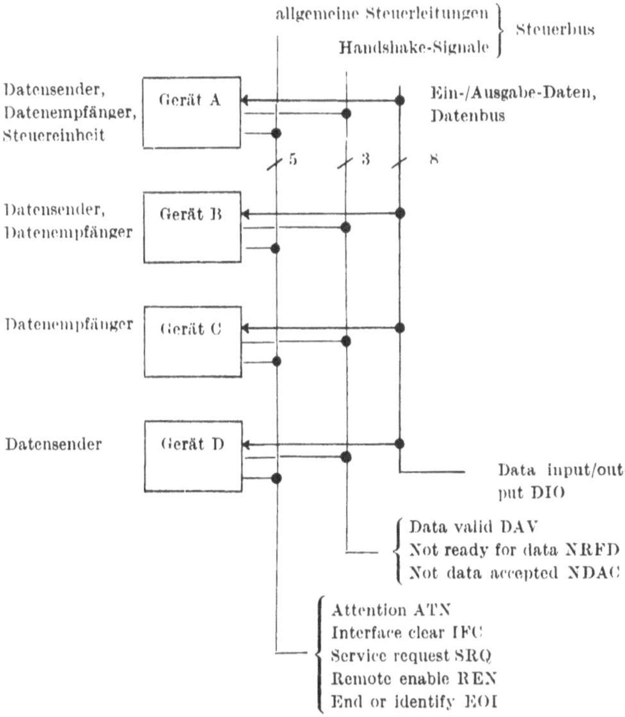


Abb. 31. Struktur des byteseriellen-bitparallelen IEC-Bus

Steuerleitungen Adressenerkennung ATN und Blockende- bzw. Identifizierungssignal EOI: (ATN, EOI) = (0, 0) entspricht normalen Daten, (1, 0) gibt die Adresse oder einen Befehl an, (0, 1) signalisiert das Ende einer Blockübertragung und (1, 1) ist die Aufforderung zur Identifizierung der Quelle einer Programmunterbrechungsanforderung. Die Programmunterbrechungsanforderungen werden über die Sammelleitung SRQ zur Steuerzentrale übertragen. Die Signale Löschen IFC und elektrische Ansteuerung einschalten REN werden von der

Zentrale ausgegeben. Sie heben alle Adressierungen von Geräten auf bzw. schalten die manuelle Bedienbarkeit der Geräte ab.

Das Hand-Shake-Prinzip für die Datenübertragungssteuerung zwischen einem Sender und einem einzigen Empfänger mit einem Anmelde- und einem Quittungssignal wird durch eine zweite Antwortleitung erweitert, um die gleichzeitige Übertragung der Daten eines Senders zu mehreren Empfängern mit getrennter Datenübernahme und -verarbeitung zu ermöglichen. Das resultierende 3-Draht-Hand-Shake ist an Hand der Abb. 32 verständlich. Zunächst zeigt Abb. 32a nochmals das 2-Draht-Hand-Shake. Nach der Gültigkeitserklärung der Daten durch den Sender (Daten gültig, Data valid DAV) übernimmt der Empfänger die Daten und schickt nach vollzogener Übernahme ein Quittungssignal (Daten akzeptiert, Data accepted DAC), das den Sender zur Rücknahme der Gültigkeitserklärung und der Daten veranlaßt. Bei vollzogener Operation im Empfänger wird das Quittungssignal zurückgesetzt — der Sender interpretiert dies als Anforderung für neue Daten bzw. als Bereitschaft, neue Daten zu übernehmen. Bei mehreren Empfängern darf der Sender erst nach vollzogener Übernahme in allen aufgerufenen Einheiten die Übernahmequittung erhalten, ebenso darf der Sender erst nach Abarbeitung der Daten in allen beteiligten Empfängern zur Bereitstellung neuer Daten aufgerufen werden. Es ist also die UND-Verknüpfung der Übernahmemeldungen und die UND-Verknüpfung der Anforderungen nach neuen Daten erforderlich, was nur mit Hilfe zweier Quittungsleitungen realisierbar ist, s. Abb. 32b. Um eine Übereinstimmung mit der negativen Logik (aktiver Zustand ist Tief) für die Zustände auf dem IEC-Bus zu erhalten, werden statt der Signale „Daten akzeptiert" und „Fertig für neue Daten" die Negationen „Daten nicht akzeptiert" NDAC und „Nicht fertig für Daten" NRFD eingeführt. Nur wenn alle adressierten Einheiten NDAC = 0 abgeben, also die Daten übernommen wurden, geht die Leitung NDAC in den Zustand

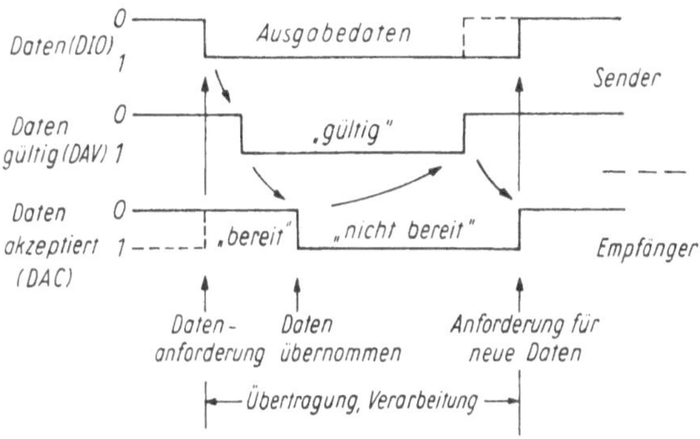


a

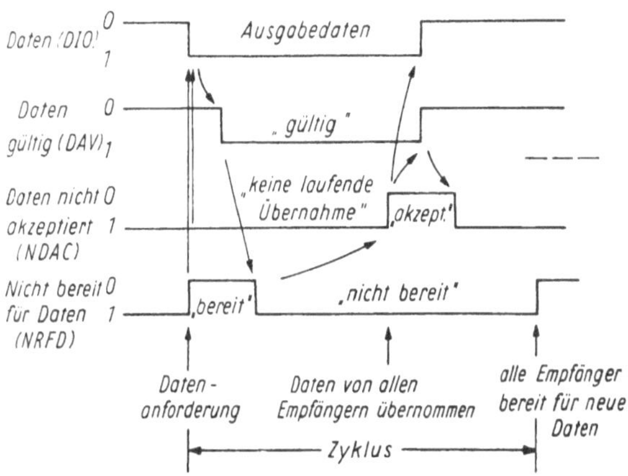


b

Abb. 32. **Hand-Shake zwischen Datensender und Empfänger;**

a: **konventionelles Hand-Shake zwischen Sender und einem Empfänger,**

b: **3-Draht-Hand-Shake des IEC-Bus zwischen einem Sender und mehreren Empfängern**

Hoch; dies stellt eine UND-Verknüpfung dar, weil durch die übliche wired-OR-Verknüpfung der Geräteausgänge bereits ein einzelnes NDAC = 1, d. h., ein Gerät hat die Übernahme noch nicht beendet, die Busleitung im Zustand Tief beläßt. Die gleichen Zusammenhänge gelten für NRFD. In Abb. 32b ist klar zu erkennen, wie die Signale NDAC und NRFD im Verein mit DAV die Hand-Shake-Übertragung organisieren.

An den Bus können neben der Steuereinheit bis zu 15 Geräte angeschlossen werden. Sind mehrere Steuereinheiten vorhanden, darf jeweils nur eine Einheit aktiv sein. Bei Anwesenheit mehrerer Sender darf sich ebenfalls nur 1 Sender am Datentausch beteiligen. Die Adressen sind nach dem ISO-7 bit-Code verschlüsselt und enthalten 16 adressierte Befehle, 16 Universalbefehle, die auf alle Geräte am Bus wirken, sowie je 31 Adressen für Sender (T-Adressen) und für Empfänger (L-Adressen). Die byteserielle Datenübertragung erfordert die Speicherung des Adressenaufrufs im Gerät. Mit der sogenannten Unlisten-Adresse und der Untalk-Adresse läßt sich die Speicherung des Adressenaufrufs in allen Geräten löschen.

Die maximale Länge der Busleitung liegt bei 20 m. Als maximale Übertragungsgeschwindigkeit wird $10^6$ byte/s, als typische Geschwindigkeit über die gesamte Buslänge $2{,}5$ bis $5 \cdot 10^5$ byte/s angegeben [82].

Ein einfaches Beispiel demonstriert den Funktionsablauf [83]. An den IEC-Bus ist ein Voltmeter angeschlossen, das von der Steuerzentrale auf den gewünschten Meßbereich zu programmieren ist; anschließend soll die Messung ausgelöst und das Meßresultat von einem Drukker ausgegeben werden. Nach Einschalten der Geräte sowie nach IFC und REN läuft das in Abb. 33 dargestellte Programm ab. Das Voltmeter wird zunächst als Empfänger adressiert (L-Adresse), über vereinbarte Daten DIO eingestellt und danach gestartet. Mit der Unlisten-Adresse wird die Adressierung des Voltmeters als Empfänger gelöscht. Anschließend wird der Drucker als Empfänger und das Voltmeter als Sender aufgerufen.

| Zyklus | Datenbus DIO | ATN | Bedeutung |
|---|---|---|---|
| 1. | L-Adresse | 1 | Voltmeter wird zum Empfänger |
| 2. | Programmier-daten | 0 | Meßbereich |
| 3. | | 0 | Größe des Meßbereichs |
| 4. | | 0 | Gleichspannung |
| 5. | | 0 | Start der Messung |
| 6. | UNL-Adresse | 1 | Voltmeter kein Empfänger mehr |
| 7. | L-Adresse | 1 | Drucker wird Empfänger |
| 8. | T-Adresse | 1 | Voltmeter wird Sender |
| | Warten auf gültige Daten | | |
| 9. | Meßdaten | 0 | ohne Mitwirkung der Zentrale Übertragung des Datenblocks mit Druck der Ziffern |
| 10. | | 0 | |
| 11. | | 0 | |
| 12. | | 0 | |
| 13. | | 0 | |
| 14. | EOS | 0 | Blockende-Meldung des Voltmeters, Zentrale wird gerufen |
| 15. | UNL-Adresse | 1 | Druckeradressierung gelöscht |
| 16. | UNT-Adresse | 1 | Voltmeteradressierung gelöscht |

Abb. 33. Beispiel einer Datenübertragung über den IEC-Bus

Nach Ende der Datenübertragung, die unter Umgehung der Zentrale direkt vom Voltmeter zum Drucker erfolgt, wird über EOS = 1 die Zentrale wieder gerufen und das Programm fortgesetzt.

Das skizzierte byteserielle-bitparallele System wird für einfache und mittlere Systeme in Zukunft eine große Bedeutung erlangen; entsprechende Standards über die elektrische und logische Gestaltung sowie über die Steckverbinder sind in Vorbereitung, s. Tabelle 5.

# 4. Anwendungen

Die Vielfalt der Anwendung von on-line gekoppelten Digitalrechnern zur Meßdatenerfassung und -verarbeitung sowie zur Kontrolle und Führung des Meßsystems ist außerordentlich groß. Selbst bei Beschränkung auf die Meßtechnik in Laboratorien der Grundlagen- und angewandten Forschung naturwissenschaftlicher und technischer Disziplinen, auf Prüffelder und Einsatzfälle in der Medizin ist es im vorliegenden Rahmen nicht möglich, einen repräsentativen Überblick zu geben. Die folgenden Beispiele beziehen sich auf einige typische Problemklassen und sollen die Zusammenschaltung von Meßgeräten mit einem Rechner demonstrieren. In Firmendruckschriften, in experimentell-methodischen Zeitschriften der einzelnen Fachdisziplinen und in Konferenz- und Tagungsberichten über Klein- und Prozeßrechnereinsatz findet man eine große Reihe von Anwendungsfällen dargestellt, die Anregungen zur Konzipierung eigener rechnergekoppelter Meßsysteme geben und Betriebserfahrungen vermitteln.

## *4.1. Analysenmeßtechnik*

Die Mehrzahl der Geräte, die in chemischen und festkörperphysikalischen Laboratorien eingesetzt werden, geben zeitlich veränderliche Signale als Meßgrößen ab. Bei Kernresonanzspektrometern ändert sich die HF-Amplitude mit der Energieabsorption beim Übergang von Protonen und anderen magnetischen Kernen zwischen verschiedenen Energiezuständen. Durch Multiscaling und Wiederholung der Messungen mit Addition der Teilspektren wird das Signal-Rausch-Verhältnis verbessert und die Empfindlichkeit gesteigert. In der Infrarot- und Raman-Spektroskopie wird durch digitale Akkumulation ebenfalls das Signal-Rausch-Verhältnis vergrößert; gleichzeitig werden die Untergrundsubtraktion, die Datennormierung und -auswertung und auch die Spektrenarchivierung ermöglicht. Für hochauflösende Massenspektrometrie organischer Substanzen ist eine schnelle Registrierung über einen weiten Massenbereich erforderlich, woraus Forderungen nach etwa $5 \cdot 10^4$ Analog-Digital-Umsetzungen/s entstehen. Im Rechner werden die Daten über den direkten Speicherzugriff gespeichert und anschließend nach Massenzahl und -anteil ausgewertet. Eine sehr große Verbreitung besitzen Gas-Chromatographen zur Trennung von Gas- und Dampfphasen über die unterschiedlichen Durchlaufzeiten der einzelnen Komponenten durch die Trennsäule. In Kombination mit einem Massenspektrometer läßt sich das Massenspektrum jeder Komponente bestimmen, vorausgesetzt, das Massenspektrum kann in einer Zeit von höchstens 0,5 s abgetastet werden; diese Zeit muß so kurz sein, damit die betreffende Gaskomponente eine ausreichende Homogenität besitzt. Für die Abtastung des Ausgangssignals eines Gas-Chromatographen genügen 5 bis 10 Umsetzungen/s.

Bei den meisten Laborgeräten liegt die Abtastrate unter 100 Hz. Der dynamische Bereich der Signale kann bis zu 6 Größenordnungen umfassen. Die Gerätesteuerung bezieht sich vor allem auf Start, Stop, Änderungen des Verstärkungsfaktors, Einstellung der Wellenlänge, Auswahl des Meßobjekts u. ä. Einen Überblick gibt [84]. Die relativ kleine Datenrate vieler Laborgeräte ermöglicht es, mehrere Geräte im Multiplexbetrieb mit einem Rechner zu koppeln. Je nach Art des Labors werden entweder viele gleichartige Geräte oder die im Labor vorhandenen verschiedenartigen Geräte an den Rechner angeschlossen. Im ersten Fall ist die Programmierung gegenüber dem zweiten Fall erleichtert, wo erhebliche Unterschiede in der Datenrate, im Speicher- und Rechenzeitbedarf für die einzelnen Geräte möglich sind.

Den Anschluß mehrerer gleichartiger Geräte an einen Rechner zeigt Abb. 34 an zwei Beispielen. Im automati-

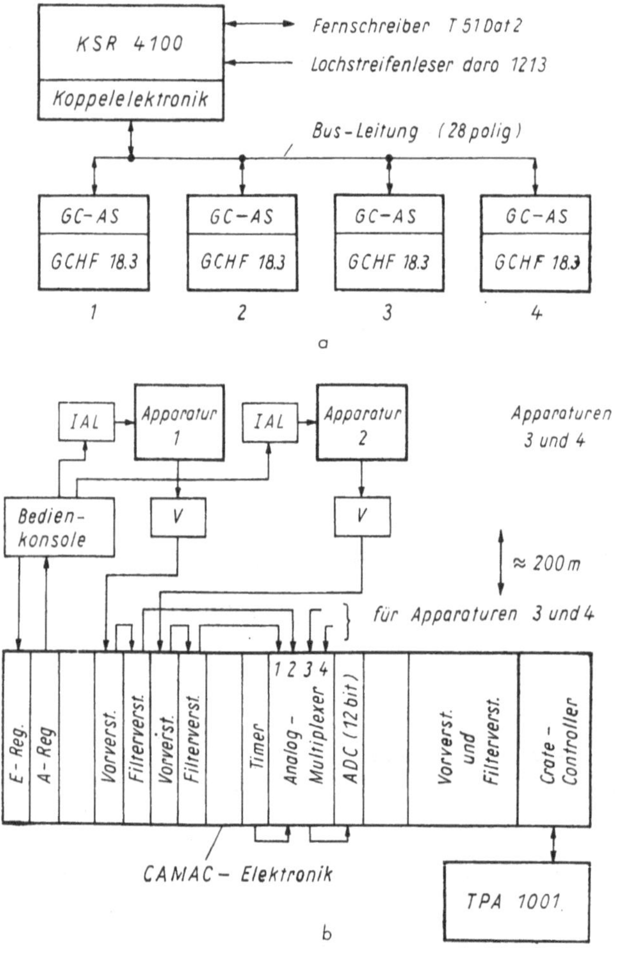


Abb. 34. Anschluß gleichartiger Laborgeräte an einen Rechner;

a: Anschluß von 4 Gas-Chromatographen GCHF 18.3 an den Rechner KSR 4100,

b: Kopplung von Meßapparaturen zur Untersuchung von Stofftransportparametern über CAMAC-Moduln

schen Auswertesystem AS 4 [85] werden 4 Gas-Chromatographen über jeweils eine Anschlußeinheit mit einem Rechner KSR 4100 verbunden (Abb. 34a). Das Rechenprogramm kann insgesamt 195 Linien auswerten und u. a. die Peak-Flächen und den prozentualen Flächenanteil eines Peaks bezogen auf die Summe aller Peak-Flächen ausgeben. Die umschaltbare Verstärkung überstreicht den Signalbereich von 1,25 μV bis 1,28 V; die Analog-Digital-Wandlung hat 10 bit Auflösung. In [86] wird über den Anschluß von 8 Gas-Chromatographen über die ursadat 4010 und AS 3 an den KRS 4200 berichtet. Das auf ESKO basierende Rechenprogramm bestimmt charakteristische Größen der Peaks, berücksichtigt Korrekturfaktoren und berechnet die Konzentration.

In Abb. 34b ist ein Meßsystem zur Bestimmung von Stofftransportparametern nach einem Impulsverfahren dargestellt [87]. Zwei Labor- und zwei Technikumsapparaturen sind über eine CAMAC-Instrumentierung mit einem Rechner TPA 1001 gekoppelt. Die Durchschaltung der einzelnen Apparaturen erfolgt über einen Analog-Multiplexer, der von einem Timer mit 200 Hz gesteuert wird. Da nur 4 von 32 Multiplexereingängen genutzt werden, ist eine starke Erweiterung der Geräteperipherie möglich, doch ist der Rechner wegen seiner relativ langen Zykluszeit von 10 μs bereits mit der Echtzeit-Datenübernahme aus den 4 Apparaturen stark belastet. Die Konzentrations-Zeit-Kurven von je 2 K Worten werden im Zusatzspeicher des Rechners abgelegt und nach Ende der Messung ausgewertet. Über ein CAMAC-Ausgabe-Register kann der Rechner ein Dosierventil betätigen und den Meßvorgang auslösen.

Eine mögliche Variante für die Kopplung der Geräte eines klinisch-chemischen Kleinlabors zeigt Abb. 35 [88]. Die verschiedenartigen Geräte werden mit separaten CAMAC-Eingabe-Registern und anderen Moduln verbunden. Der CAMAC-Rahmen verfügt entweder über eine autonome Steuereinheit und einen Koppelmodul zum Rechner oder ist über den Crate Controller direkt mit

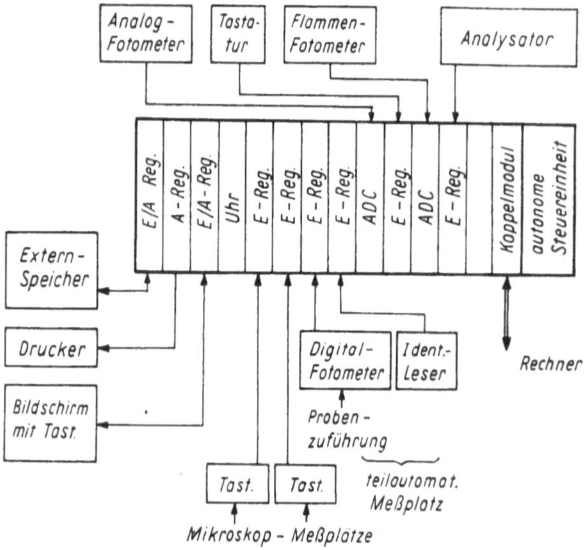


Abb. 35. CAMAC-Kopplung von Geräten eines klinisch-chemischen Kleinlabors mit Speicher- und Ausgabe-Einheiten

einem Kleinrechner gekoppelt. Gerätekonfigurationen in der Art von Abb. 34 und 35 lassen sich zum überwiegenden Teil mit Ein- und Ausgabe-Registern für Digitalinformationen und mit D/A-Wandlern sowie A/D-Wandlern realisieren, die einen wesentlichen Anteil der Gerätesysteme CAMAC und ursadat 4000/4010 bilden.

## 4.2. *Kernphysikalische Meßtechnik*

In der kernphysikalischen Meßtechnik werden die Ausgangssignale von Strahlungsdetektoren analog und digital verarbeitet, ausgewertet und gespeichert. Bei Untersuchungen von Kernreaktionen, in der Kernspektroskopie und in der anwendungsorientierten Analysenmeßtechnik mit Anregung über Röntgen-Strahlung und mit Neutronenaktivierung fallen Meßdaten an, die zu Spektren akkumuliert werden und oft einen sehr großen Speicherplatz benötigen (siehe Teil I). Auch die Forderungen nach einem möglichst automatisierten Ablauf der Messungen trugen dazu bei, daß in der kernphysikalischen Meßtechnik schon frühzeitig on-line gekoppelte Rechner eingesetzt wurden.

Der Aufbau eines einfachen Meßplatzes für die automatische Registrierung von Spektren, der auf dem Instrumentierungssystem CAMAC beruht, ist aus Abb. 36 erkennbar. Der Rechner ist über den vertikalen CAMAC-Datenweg mit zwei Rahmen verbunden, die im Rechnerraum und im Experimentierraum aufgestellt sind. Im Speicher des Rechners werden die Daten der Meßanordnung zu Spektren akkumuliert, die auf dem Bildschirm darstellbar sind und über Zifferndrucker und Zeichengerät wiedergegeben werden können. Der Dialog des Experimentators mit dem System geht mit vereinbarten Zeichen über die Bedienschreibmaschine des Rechners vor sich. Durch einen separaten Vielkanal-Analysator kann die erste Phase der Erprobung der Meßanordnung ohne Kopplung mit dem Rechner erfolgen; im laufenden Experiment läßt sich der Vielkanal-Analysator als Hilfsspeicher für ausgewählte Spektren verwenden. Ein- und Ausgaberegister ermöglichen den Datentransfer zwischen Vielkanal-Analysator und Rechner. Das in Abb. 36 skizzierte System stellt die erste Ausbaustufe eines Meßsystems zur Untersuchung von Kernreaktionen mit geladenen Teilchen und Neutronen dar [89].

Zur Beschreibung des Mechanismus von Kernreaktionen ist die Kenntnis der Energie- und Winkelabhängigkeit der emittierten Strahlungspartikel wichtig. Meßanordnungen mit mehreren Detektoren, die gleichzeitig Daten für verschiedene Winkel erfassen, haben gegenüber der sukzessiven Messung der verschiedenen Winkel mit einem einzigen Detektor zahlreiche Vorteile. Es wird eine höhere Genauigkeit erreicht, weil sich beispielsweise Langzeitschwankungen z. B. der Intensität des beschleunigten

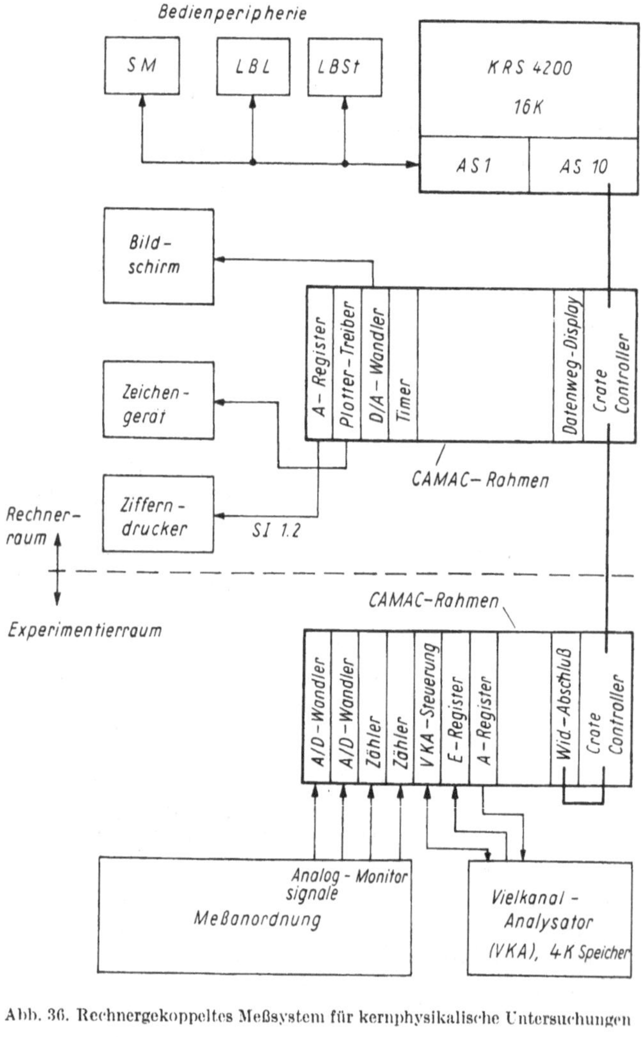


Abb. 36. Rechnergekoppeltes Meßsystem für kernphysikalische Untersuchungen

Teilchenstrahls auf alle Detektoren gleichermaßen auswirken und im allgemeinen nicht berücksichtigt werden müssen. Die Meßzeit wird herabgesetzt, so daß der teure Teilchenbeschleuniger effektiver genutzt wird, oder bei gleicher Gesamtmeßzeit wie beim Einzeldetektor erhöht sich die statistische Genauigkeit der Meßwerte. Meßapparaturen mit mehreren gleichzeitig arbeitenden Detektoren bewähren sich insbesondere bei der Untersuchung von Kernprozessen mit Neutronen als emittierte Teilchen. Die Neutronenenergie wird über die Flugzeit $T$ zwischen dem Ort der Wechselwirkung mit dem Target und dem Nachweisdetektor bestimmt. Mit $T = L/\sqrt{2E/m}$ beträgt die Flugzeit für eine Flugstrecke von $L = 1$ m bei einer Neutronenenergie $E = 1$ MeV etwa 72 ns. Eine gute Energieauflösung erfordert daher für schnelle Neutronen Flugstrecken von mindestens 1 m und eine Zeitauflösung in der Größenordnung von 1 ns, erreichbar mit relativ kleinen Szintillationszählern. Die Zählraten betragen wegen des resultierenden kleinen Raumwinkels des Detektors etwa 0,1 bis $10^2$ Ereignisse/s. Bei Reaktionen vom Typ $(n, 2n)$ sind die Raten der registrierten Neutronenpaare noch kleiner. Großer Speicherbedarf für die Teilspektren und die Notwendigkeit, die lange Zeit dauernden Messungen ständig über Monitordetektoren zu überwachen und gegebenenfalls automatisch auf die Apparatur einzuwirken, erfordern einen on-line gekoppelten Rechner. Über ein leistungsfähiges Neutronen-Flugzeitspektrometer mit 10 simultan arbeitenden Szintillationsdetektoren und Flugstrecken von 1,5 bis 3 m wird in [90] berichtet. Ein ähnliches Registriersystem mit maximal 8 Detektoren für Neutronen-Flugzeitmessungen am Tandem-Generator EGP-10-1 des ZfK Rossendorf ist in Abb. 37 dargestellt [65, 91, 92]. Die Impulse der Szintillationszähler (organische Szintillatoren) werden in mehrfacher Weise ausgewertet:

- Unterscheidung zwischen einem registrierten schnellen Neutron und einem $\gamma$-Quant durch Untersuchung des

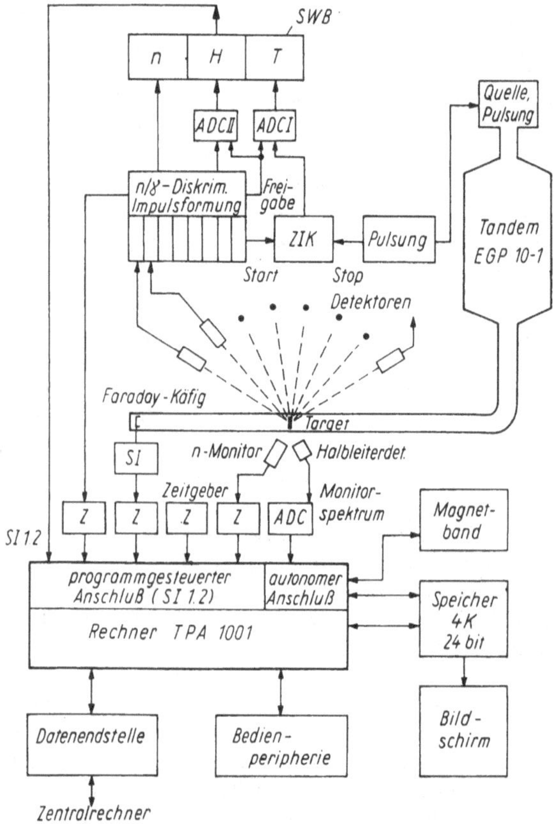


Abb. 37. Meßsystem mit maximal 8 Strahlungsdetektoren für Kernreaktionen vom Typ (Z, n) an einem Tandem-Generator

Szintillationsverlaufs; nur bei einem registrierten Neutron wird die weitere Impulsbearbeitung ausgelöst;

- Startsignal für die Messung der Flugzeit mit einem Zeit-Impulshöhen-Konverter ZIK; als Referenzsignal dient ein von der Nanosekunden-Pulsungseinrichtung des Beschleunigers abgeleiteter Impuls. Die Ausgangsimpulse des ZIK werden im Analog-Digital-Wandler ADC I digitalisiert;

- Digitalisierung der Impulshöhe eines registrierten Neutrons mit ADC II; diese Größe, die nicht der Neutronenenergie proportional ist, läßt sich zur Korrektur der Flugzeitmessung verwenden, die von der Impulshöhe des Neutronendetektors geringfügig beeinflußt wird;
- Verschlüsselung der Detektornummer $n$.

Die zu einem Ereignis gehörenden Teilworte Flugzeit $T$, Impulshöhe $H$ und Detektornummer $n$ werden in einem Summenwortbildner SWB zu einem Digitalwort zusammengefaßt und über eine SI 1.2-Anschlußsteuerung im Speicher des Rechners TPA 1001 abgelegt. Angeschlossene Zählgeräte Z für die Meßzeit, für die Impulse des Stromintegrators SI und für den Monitordetektor dienen zur Steuerung, Überwachung und Normierung der Messung. Über den autonomen Speicherkanal lassen sich die digitalisierten Signale eines Halbleiterdetektors registrieren. Die Teilspektren werden auf Magnetband ausgelagert oder im on-line angeschlossenen Zentralrechner weiterverarbeitet. Das Meßsystem eignet sich für $(p, n)$- und $(n, n')$-Reaktionen.

Die Registrierung von Häufigkeitsverteilungen bereitet große Schwierigkeiten, wenn insbesondere bei mehrparametrigen Messungen die verfügbare Speicherkapazität mit wahlfreiem Zugriff nicht ausreicht. Man kann dann die ankommenden Daten zu Blöcken zusammenfassen, auf Magnetband abspeichern und nach Ende der Messung zu Spektren akkumulieren. Dem Vorteil des geringen Aufwands bei der Speicherung steht als erheblicher Nachteil gegenüber, daß erst nach dem Sortieren der Daten die Spektren verfügbar sind. Günstig ist die Verwendung von Magnetplattenspeichern, die bei Zugriffszeiten von weniger als 1 s Speicherkapazitäten von weit über $10^5$ Bytes besitzen. In [93] wird ein Multiparameter-Impulshöhenmeßsystem für 448000 Kanäle beschrieben, das eine zweidimensionale Spektrenspeicherung mit beispielsweise 2048 × 204 Kanälen zuläßt. Es wird ein Magnetplattenspeicher mit 400 Spuren zu je 1280 Worten verwendet. Die am meisten effektive Methode zum Akkumulieren der Spektren ist, jeweils eine Spur der Platte in den Rechnerspeicher zu lesen und diejenigen Kanäle zu inkrementieren, bei denen neue Ereignisse eingetroffen sind. Die Aktualisierung der Ereignisse einer Spur erfordern 0,125 s und der gesamten Platte folglich 50 s. Durch die Verwendung von zwei Eingangspuffern zu je 256 Worten und zweier Puffer zum Sortieren der Eingangsdaten nach Spurnummer und Position in der betreffenden Gruppe sowie zum Zwischenspeichern bis zum Übertragen auf die Platte wird erreicht, daß bis zu 350 Ereignisse/s verarbeitet werden können.

## 4.3. *Prüffelder*

Der Einsatz der Rechentechnik im Prüffeld ermöglicht die Rationalisierung und Automatisierung der Prüfprozesse, insbesondere:

- im Gegensatz zu starr aufgebauten Meßsystemen einfachere Umrüstung bei Modifikationen der Prüfbedingungen;
- Meßwerterfassung mit anschließendem Soll-Ist-Vergleich, Auswertung logischer Bedingungen oder Bildung von Kenngrößen mit Hilfe arithmetischer Operationen sowie Speicherung der Resultate und Ausgabe als Protokoll;
- in Abhängigkeit vom Meßresultat unter Programmsteuerung Entscheidungen über den weiteren Ablauf des Prüfprozesses und Anweisungen an das Bedienpersonal;
- Simulation späterer Einsatzbedingungen des Prüflings, z. B. dynamische Dauerbelastungen;

— Reduktion der Prüfzeit und Lokalisierung von Fehlern, z. B. bei Verdrahtungsprüfungen.

Die Steuerung des Prüfprozesses erfolgt durch einen on-line gekoppelten Rechner oder über ein Lochband, das von einem Rechner durch Übersetzung eines gegebenenfalls in einer problemorientierten Sprache erstellten Programms erzeugt wird. Als Beispiele für rechnergestützte Prüffelder sollen genannt werden: Prüfautomaten für Transistoren und integrierte Schaltkreise [94, 95, 96], für Leiterkarten, für die Gehäuserückverdrahtung [97], für die Bodenerprobung der Elektronik von Raketen und Erdsatelliten [98], für die Untersuchung von Motoren, für Schwingungsmessungen mit veränderlichen Bedingungen u. ä. m.

Zwei Beispiele von Prüfplätzen für elektronische Bauelemente sind in Abb. 38 dargestellt. Im System Abb. 38a [94] spielt das koaxiale Schalterfeld eine wichtige Rolle, das die Verbindung der Ausgangssignale eines programmierbaren Impulsgenerators mit dem Meßobjekt herstellt und die Übertragung der Meßdaten zum Analog-Digital-Umsetzer (für Strom- und Spannungswerte) oder zum Impulszeitmesser (für Anstiegs-, Abfall- und Verzögerungszeit) gewährleistet. Ein ähnliches System, das von einem Lochstreifen gesteuert wird, ist in [99] beschrieben.

Das CAMAC-System in Abb. 38b [95] dient zur automatischen Messung verschiedener Typen von Transistoren und Dioden. Bis zu 100 Elemente können in einer Meßkammer untergebracht werden, deren Temperatur vom Rechner gesteuert wird. Eine Werteliste mit der Nummer des Prüflings, mit Parametern, Grenzwerten und Meßkanalnummer erlaubt dem Rechnerprogramm die Einstellung der betreffenden Meßbedingungen. Ein Schrittmotor schaltet den Kanalselektor auf das gewünschte Bauelement. Die Meßspannung $U_{BE}$ wird in Stufen verändert und zusammen mit den Strömen $I_B$ und $I_C$ gemessen, im Rechner gespeichert und als Kennlinie auf einem Sichtschirm dargestellt bzw. auf Lochstreifen ausgegeben.

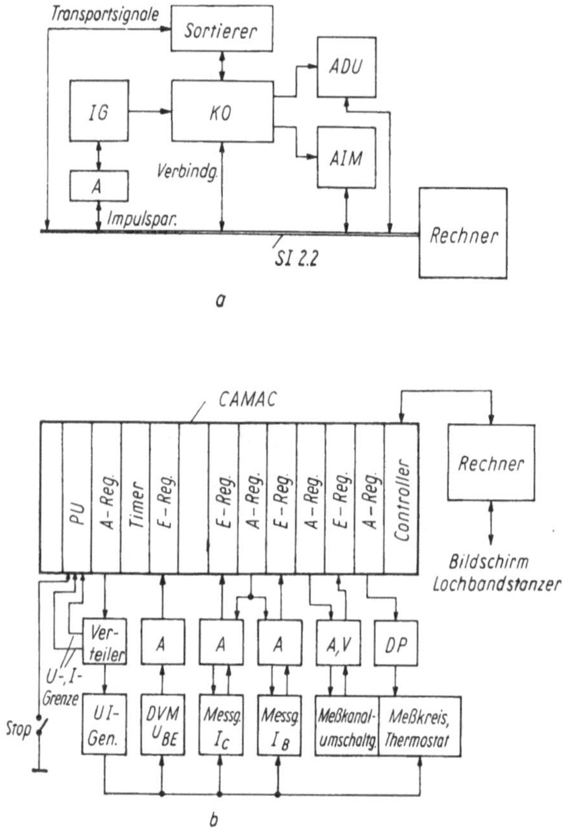


Abb. 38. Rechnergestützte Prüffelder für Transistoren und ähnliche Bauelemente;

a: Mit KRS 4200 und Standard-Interface SI 2.2, KO koaxiales Schalterfeld KOS 307, IG programmierbarer Impulsgenerator EMG 1252-21, A Anpassung, ADU Analog-Digital-Umsetzer ADU 501, AIM Automatik-Impulszeitmesser AIM 101,

b: CAMAC-System, DVM Digitalvoltmeter, A Pegelanpassung und Steuerung, V Verschlüsselung, DP Digital-Potentiometer, PU Interruptregister mit Vorrangeinstellung

## 4.4. *Medizintechnik*

Einen groben Überblick über die verschiedenartigen Einsatzmöglichkeiten der Rechentechnik in der Medizin vermittelt Abb. 39; eine Zusammenfassung der Anwendungsgebiete der elektronischen Rechentechnik im Gesundheits- und Sozialwesen gibt [100].

Kleinrechner werden für folgende Aufgaben verwendet:

– *Intensivtherapie und Wachstationen:* laufende Überwachung lebenswichtiger Parameter wie Pulsfrequenz, Blutdruck, Atemfrequenz, Temperatur während und nach Operationen, nach Unfällen u. ä. Mehrere Datenerfassungsstationen sind an einen Kleinrechner angeschlossen, der die Daten aufnimmt, die einzelnen Meßgrößen zur Vermeidung falscher Alarme miteinander verknüpft und Trends bestimmt; beim Vorliegen kritischer Zustände wird eine Meldung an die Überwachungsperson an zentraler Stelle ausgelöst. Die Meßdaten brauchen nicht über längere Zeit gespeichert zu werden, so daß keine externe Speicher erforderlich sind;

– *Nuklearmedizin:*
  - Individuelle Planung der Strahlungsbehandlung mit Bestimmung der Strahlungsdosis und der Bestrahlungskoordinaten; Steuerung der Bestrahlungseinrichtung,
  - Diagnostik mit radioaktiven Tracer-Präparaten, d. h. Abkling- und Ausbreitungsmessungen mit einzelnen Szintillationszählern zur Bestimmung von Organfunktionen und Transportvorgängen,
  - Szintigraphie mit Messung der örtlichen Verteilung der radioaktiven Substanz durch zeilenweises Abtasten (Scanning) oder mit Hilfe einer $\gamma$-Kamera, die zahlreiche matrixförmig angeordnete Detektoren besitzt, zur Erkennung der Lage und Größe von Geschwülsten u. ä.

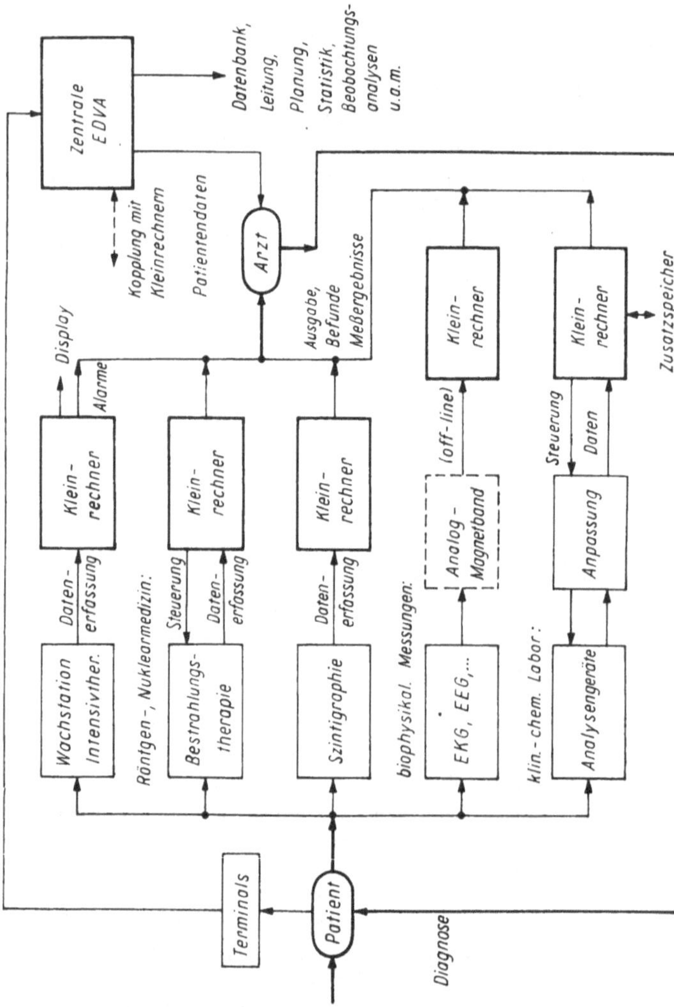


Abb. 39. Einsatzmöglichkeiten der Rechentechnik in der Medizin

Die Meßtechnik und die Methoden der Datenspeicherung entsprechen den kernphysikalischen Meßverfahren; so wird beispielsweise in der Szintigraphie die Speicherung als zweidimensionale Häufigkeitsverteilung organisiert.

– *Biologische und physiologische Größen:* Messung von elektrischen Spannungen (EKG, EEG), Druck (arterieller und venöser Druck), Temperatur (Körper-, Hauttemperatur), Frequenzen (Herz, Atmung), Substanzen (Blutzucker, $O_2$-Verbrauch, $CO_2$-Erzeugung). Ein Teil dieser Größen wird diskontinuierlich oder kontinuierlich im Echtzeitbetrieb bestimmt. Andere Messungen erfolgen im klinisch-chemischen Laboratorium, dessen Analysengeräte die mit einer sicheren Identifikationsnummer versehenen Proben in vielen Fällen automatisch auswerten; die Meßdaten werden von einem Kleinrechner übernommen und verdichtet.

Die Verwendung von Kleinrechnern erhöht die Ausnutzung der Geräte, verkürzt die Analysenzeiten, erhöht die Genauigkeit (z. B. bei Bestrahlungen), „verbessert" die Daten durch Aufbereitung über Plausibilitätstests, durch übersichtliche Datendarstellung u. ä. und führt in vielen Fällen zur Einsparung von Arbeitskräften (Wachstationen, Bedienung von Analysegeräten). In Abb. 39 ist die Tendenz erkennbar, einzelne Komplexe mit einem separaten Kleinrechner auszustatten und nicht einen größeren Prozeßrechner zentral für alle Einrichtungen zu benutzen. Vorteilhaft ist es, im Interesse späterer Erweiterungen oder Modifikationen des Systems modulare Geräte- und Programmsysteme zu verwenden. Der Anschluß der Laborgeräte an den Kleinrechner z. B. KRS 4200 kann über das Standard-Interface SI 2.2 erfolgen [101]; der Übergang der Analysengeräte auf SI 2.2 läßt sich mit den bereits erwähnten Interfacekarten SIM 101 realisieren [69, 102]. Auch das Instrumentierungssystem CAMAC bietet gute Möglichkeiten zum Rechneranschluß [32, 88, 103], s. auch Abb. 35. Mit „intelligenten CAMAC-Crate-

Controllern", die einen Mikrorechner enthalten, lassen sich am Ort des Datenanfalls, z. B. im Operationssaal oder in der Wachstation, autonome CAMAC-Systeme installieren; bei Bedarf kann man über ein serielles Datenein- und ausgaberegister und, im günstigsten Fall, über eine Telefonleitung die Verbindung zu einem Kleinrechner herstellen.

## 5. Schlußbemerkungen

Die Zunahme der Zahl der rechnergekoppelten Systeme in Laboratorien, Prüffeldern, in der Medizintechnik, Industrie und anderen Gebieten läßt auch für die nächsten Jahre keine Sättigung erwarten. Trotz der Verschiedenartigkeit der einzelnen Lösungen kann man eine Reihe von Tendenzen erkennen.

Der Aufbau rechnergekoppelter Systeme erfolgt in steigendem Maße über standardisierte Anschlußstellen der Geräte und Rechner, wobei gute Erfolge in der internationalen Verbreitung solcher Interface-Standards wie CAMAC, byteserielles-bitparalleles Interface und SI 1.2 zu verzeichnen sind (Tabelle 5). Die Anwendung eines einzigen Interface-Standards für alle denkbaren Einsatzfälle in der Industrie und in Laboratorien, also von Meßsystemen mit Programmabläufen, die über Jahre unverändert bleiben sollen (oftmals in der industriellen MSR-Technik) oder die an häufig wechselnde Aufgabenstellungen anzupassen sind (z. B. bei Experimenten in der Grundlagenforschung), ist mit Sicherheit nicht die optimale Lösung; hinzu kommen noch Fragen der konstruktiven Gestaltung, der störsicheren Datenübertragung und der Übertragungsgeschwindigkeit. Von RGW-Organen wird eingeschätzt, daß CAMAC, das byteserielle-bitparallele Interface und SI 1.2 für die Meßtechnik auch in Zukunft von Wichtigkeit sind; das SI 2.2 wird durch das byteserielle-bitparallele Interface in der elektronischen Meßtechnik an Bedeutung einbüßen, doch wird seine Anwendung in der MSR-Technik der DDR zunehmen [104]. Das CAMAC-System hat durch die strenge Festlegung solcher Modulparameter, die für eine Kompatibilität der Produkte verschiedenster Hersteller entscheidend sind, Maßstäbe gesetzt, wie durch Verwendung eines Standards Geräteentwicklungen und Einsatzerfahrungen zwischen verschiedenen Institutionen ausgetauscht werden können und wie durch Nutzung der breiten Palette der verfügbaren Moduln in kurzer Zeit leistungsfähige Meßsysteme realisierbar sind. Von großer praktischer Bedeutung sind Ein- und Ausgaberegister in verschiedenen Varianten, die sich auf der rechnerabgewandten Seite an spezifische Forderungen von Geräten anpassen lassen.

Die Vorzüge eines modularen Gerätesystems liegen nicht zuletzt auch in der Vereinfachung der technischen Betreuung und der Reparatur sowie im Anlernen der Bediener. Zu erwähnen ist auch die Erfahrung, daß allgemein akzeptierte Standards langlebiger als die Normung bestimmter Erzeugnisgruppen von einzelnen Herstellern sind. Das ermöglicht spätere Erweiterungen und Modifikationen des Meßkomplexes, ohne ein vollständig neues System anschaffen zu müssen, spart Kosten und erlaubt die volle Nutzung bisher gesammelter Betriebserfahrungen.

Die erreichten Fortschritte in der Gerätetechnik und in der Abstimmung und Realisierung standardisierter Anschlußbedingungen kommen gegenwärtig noch nicht voll zum Tragen. Beim Schreiben des Bedienprogramms durch den Nutzer kann zu wenig auf vorgefertigte Programmteile zurückgegriffen werden. Die Generierung von Programmsystemen aus einzelnen Programm-Moduln durch den Rechnerhersteller, zugeschnitten auf ein vorgegebenes, im allgemeinen nicht veränderliches Meßsystem, z. B. für die industrielle Prozeßsteuerung, und die Erweiterung leicht erlernbarer, vom Rechnertyp unabhängiger Programmiersprachen, z. B. BASIC, durch Elemente zur Bedienung der Standard-Interfaces und der angeschlossenen Geräte, beispielsweise CAMAC-Moduln, sind als erster erfolgreicher Schritt zu werten, um die Programmierbarkeit rechnergekoppelter Meßsysteme wesentlich zu erleichtern und vor allem billiger zu machen. Leider verfügen noch nicht alle Kleinrechner über geeignete Compiler. Gegenwärtig wird die bessere Nutzung der Möglichkeiten rechnergekoppelter Systeme noch durch die Schwerfälligkeit der meisten Programme behindert, wenn schnell und unkompliziert Änderungen der Gerätekonfiguration im Programm zu berücksichtigen sind. Wesentliche Bedeutung besitzt hierbei der Dialog des Anwenders mit dem Meßsystem, der optimal über eine Bildschirmeinheit mit Lichtstift und/oder Tastatur erfolgt.

Die Entwicklung der Rechentechnik führte zu einem breiten Spektrum von Rechnern, das von großen EDVA über leistungsfähige Prozeßrechner, Kleinrechner bis zu Taschen- und Mikrorechnern reicht. Das legt eine dezentralisierte Datenverarbeitung nahe, die oft als verteilte Intelligenz bezeichnet wird. Die Rechner bilden in diesem Fall ein hierarchisches System aus mehreren Ebenen. Die bearbeiteten Daten werden zu einer höheren Ebene übertragen, wenn sie in der betreffenden Ebene nicht mehr weiterverarbeitet werden können. Ein hierarchisches System bietet vom Standpunkt des Anwenders eines rechnergeführten Meßsystems eine Reihe wesentlicher Vorteile:

- Realisierbarkeit weitgehend autonomer Systeme, die nicht auf einen Zentralrechner angewiesen sind und die sich leicht übersehen und bedienen lassen;
- übersichtlichere Programmierbarkeit des Systems und des Dialogs, wenn im Gegensatz zu einem Zentralrechner vom Kleinrechner nur ein einziges Meßsystem zu bedienen ist;
- keine gegenseitigen Störungen mehrerer Meßanordnungen;
- Installation des Rechners in unmittelbarer Nähe der Meßgeräte möglich, dadurch Verringerung des Aufwands für die Verkabelung und Anwendbarkeit billi-

ger, relativ langsamer Übertragungseinrichtungen bei erforderlicher on-line Kopplung des Kleinrechners mit einem Zentralrechner.

Als wesentlicher Nachteil ist zu nennen:

– der Kleinrechner verfügt nicht über vergleichbar leistungsfähige Datenein- und -ausgabegeräte, Zusatzspeicher und Systemprogramme wie größere Prozeßrechner und EDVA.

Der genannte Nachteil gilt insbesondere für Mikrorechner, die sich in den letzten Jahren als weitere Hierarchie-Ebene zwischen Kleinrechner und Meßgerät einzubürgern beginnen. Die Programmierung der Mikrorechner erfolgt gewöhnlich über eine Cross-Software auf größeren Rechnern.

Werden komplizierte Geräte mit fest programmierten Steuerungen verwendet, die auf der Basis eines Mikrorechners arbeiten können, reduziert sich spürbar der Aufwand des Kleinrechners an Rechenzeit und Programmlänge für den rechnergekoppelten Betrieb. Als Beispiel kann man den autonomen Betrieb eines CAMAC-Rahmens nennen, dessen Datenübertragung von einem mikrorechnergesteuerten Controller organisiert wird; reicht die Kapazität des Controllers nicht aus, erfolgt ein Zugriff zu einem Klein- oder Prozeßrechner.

## 6. Literatur


[1] VEB ROBOTRON Dresden (Herausg.): Entwicklung und Anwendung der elektronischen Rechentechnik in der DDR. Schriftenreihe Informationsverarbeitung, Verlag Die Wirtschaft Berlin, 1976

[2] W. Schulze: Wissenschaftliche Forschung und elektronische Rechentechnik, Beiträge zur Forschungstechnologie, Heft 2, Akademie-Verlag Berlin, 1975

[3] K. Anke, H. Kaltenecker, R. Oetker: Prozeßrechner – Wirkungsweise und Einsatz, Akademie-Verlag Berlin, 1971

[4] K.-H. Göllner, H. Günther (Bearb.): Methodik zur Vorbereitung des Einsatzes von Prozeßrechnern, Schriftenreihe Datenverarbeitung, Kombinat ROBOTRON Dresden, 1970

[5] G. Cain, Y. Paker, P. Morse (Edit.): Proceed. Minicomputer Evaluation and Selection, miniconsult London, 1974

[6] Y. Paker, G. Cain, P. Morse (Edit.): Proceed. Minicomputer Interfacing, miniconsult London, 1973

[7] E.-G. Woschni: Informationstechnik, Verlag Technik Berlin, 1973

[8] H. F. Grave: Elektrische Messung nichtelektrischer Größen, Akadem. Verlagsges. Leipzig, 1965

[9] H. Haas, E. Bernicke u. a. (Red.): ursamat Handbuch, Verlag Technik Berlin, 1969

[10] E. Kühn, H. Schmied: Integrierte Schaltkreise. Praktische Hinweise und Anwendungsbeispiele, Verlag Technik Berlin, 1974

[11] L. A. Matalin, Sh. Narai, S. I. Tschubarow (Л. А. Маталин, Ж. Нарай, С. И. Чубаров): Методы регистрации и обработки данных в ядерной физике и технике, Атомиздат Москва, 1968

[12] G. Wunsch: Systemanalyse, Band 1 Lineare Systeme, Verlag Technik Berlin, 1969

[13] D. H. Sheingold (Edit.): Analog-digital conversion handbook, Analog Devices Norwood USA, 1972

[14] R. PEIPMAMN: Grundlagen der technischen Erkennung, Verlag Technik Berlin, 1975
[15] H. SIMON (Herausg.): Automatische Bildverarbeitung in Medizin und Biologie, Th. Steinkopff Dresden, 1975
[16] Special Issue on Digital Picture Processing, Proc. IEEE **60** (1972) No. 7
[17] F. H. LANGE: Korrrelationselektronik, Verlag Technik Berlin, 1962
[18] F. H. LANGE: Signale und Systeme, Band 3 Regellose Vorgänge, Verlag Technik Berlin, 1973
[19] S. W. DIRECTOR, R. A. ROHRER: Introduction to System Theory, McGraw Hill New York, 1972; russ. Übersetzung Mir Moskau, 1974
[20] Kleinrechner — Einsatz und Programmierung, Rechentechnik/Datenverarbeitung **10** (1973), 1. Beiheft
[21] Rechnersysteme ROBOTRON 4000 4200 4201 — Anwendung und Weiterentwicklung, Rechentechnik/Datenverarbeitung **12** (1975), 3. Beiheft
[22] Special Issue on Fast FOURIER Transform, IEEE Transact. Audio and Electroacoustics **AU-17** (1969) No. 2, **AU-15** (1967) No. 2
[23] K. KAPLICK, G. LORENZ: Experimentelle Verfahren zur Prozeßanalyse, Deutscher Verlag für Grundstoffindustrie Leipzig, 1973
[24] A. W. KUZENKO, B. A. POLOSJANZ, JU. W. STUPIN (A.B. КУЦЕНКО, Б. А. Полосьянц, Ю. В. СТУПИН): Мини-ЭВМ в экспериментальной физике, Атомиздат Москва, 1975
[25] W. MEILING: Mikrorechner — Eigenschaften und Anwendungen. Beiträge zur Forschungstechnologie, Heft 5, Akademie-Verlag Berlin, 1978
[26] H. KLESSMANN, R. PANGRITZ (Herausg.): Prozeßrechensysteme, rechnergeführte Meßelektronik, Bericht HMI-B 134 Hahn-Meitner-Institut Westberlin, 1973
[27] V. KUSSL: Technik der Prozeßdatenverarbeitung, Verlag Technik Berlin, 1973
[28] Processor Handbook, Peripherals and Interfacing Handbook, PDP-11, Digital Equipment Corp., 1972
[29] V. DIENHOLD, G. LUNZE: Betriebssysteme von Prozeßrechnern, Lehrbriefe für das Hochschulfernstudium, Verlag Technik Berlin, 1974

[30] W. Baumann, P. Kurtze, G. Naumann: Standard-Interfaces der elektronischen Meßtechnik, Reihe Automatisierungstechnik Band 165, Verlag Technik Berlin, 1974
[31] K. Franke: Datenübertragung, Reihe Automatisierungstechnik Band 136, Verlag Technik Berlin, 1972
[32] 1. International Symposium on CAMAC Luxembourg 1973, Proceed. CAMAC Bulletin No. **9**, Suppl., 1974; 2. International Symposium on CAMAC Brussels 1975, Proceed. EURATOM-Report EUR 5485, 1976
[33] CAMAC-Bulletin No. 1 Juni 1971 bis No. 14 Dezember 1975
[34] H.-J. Stuckenberg: CAMAC for Newcomers, CAMAC Bulletin No. **13**, Suppl. A, Sept. 1975; CAMAC Bibliography, CAMAC Bulletin No. **13**, Suppl. B, Sept. 1975
[35] CAMAC Tutorial Issue, IEEE Transact. Nucl. Sci. **NS-20** (1973), No. 2, 1—71
[36] S. S. Kurotschkin, I. D. Murin (С. С. Курочкин, И. Д. Мурин): Современная ядерная электроника, том II: Цифровые информационные системы и устройства, Атомиздат Москва, 1975
[37] I. F. Kolpakow (И. Ф. Колпаков): Электронная аппаратура на линии с ЭВМ в физическом эксперименте, Атомиздат Москва, 1974
[38] DDR-Standard TGL 14591: Steuer- und Regelungstechnik, Dezember 1963
[39] DDR-Standard TGL 22500/02: System ursamat, technische Forderungen, Nov. 1974
[40] DDR-Standard TGL 27013: Kleinsteuerrechner KSR 4100, Juni 1975
[41] DDR-Standard TGL 29248: Standard-Interface für Kettenverkehr auf Basis Transistor-Transistor-Logik SI 1.2, Okt. 1974
[42] DDR-Standard TGL 29711: Standard-Interface für Linienverkehr auf Basis Transistor-Transistor-Logik SI 2.2, Okt. 1974
[43] DDR-Standard TGL 32040: Rechner ROBOTRON 4200, Juni 1975
[44] CAMAC: A Modular Instrumentation System for Data Handling, Description and Specification, Report EUR 4100e, Commission of European Communities CEC Luxembourg, 1972, deutsche Übersetzung EUR 4100d
[45] CAMAC: Organisation of Multi-Crate Systems. Specification of the Branch Highway and CAMAC Crate Con-

troller Type A, Report EUR 4600, ESONE-Committee, Luxembourg, 1972

[46] CAMAC: Specification of Amplitude Analogue Signals within a 50 Ω System, Report EUR 5100, ESONE-Committee, Luxembourg, 1972

[47] Specification of CAMAC serial highway and serial crate controller type L 2, Report EUR 6100, ESONE-Committee, Luxembourg, 1977

[48] CAMAC: The Definition of IML. A Language for Use in CAMAC Systems, ESONE/IML/01, ESONE-Secretariat CBNM-CRC Geel, 1974

[49] Proposal for a CAMAC Language, CAMAC Bulletin No. 5, Suppl., Nov. 1972

[50] CAMAC: Real-time BASIC for CAMAC, ESONE-Committee ESONE/RTB/02, 1977

[51] W. F. E. KRULL: Kompaktrechner, Elektronik **21** (1972) 233, 271, 309

[52] P. SCHNEIDER: Die Qual der Wahl bei Mikroprozessoren, Der Elektroniker **14** (1975) H. 9, EL 1, H. 10, EL 12

[53] H. HETZER: Zur Entwicklung des Rechnersystems ROBOTRON 4201, Rechentechnik/Datenverarbeitung **12** (1975) 3. Beiheft, 4

[54] VEB Kombinat ROBOTRON: Einführung in die maschinenorientierten Systemunterlagen (MOS) KRS 4200

[55] W. HIRSCH, W. REISS, W. MEILING: Entwicklung einer CAMAC-Anschlußsteuerung für den Rechner KRS 4200 sowie einer Handsteuereinheit, Jahresbericht ZfK Rossendorf ZfK-283, 1974, 158

[56] J. KAHLERT: Die Systemunterlagen der Rechnerfamilie ROBOTRON 4000, Rechentechnik/Datenverarbeitung **10** (1973), 1. Beiheft, 7

[57] E. NEDWED, J. GÜNTHER: Maschinenorientierte Systemunterlagen für die Rechnersysteme ROBOTRON 4000 und 4200 und ihre Weiterentwicklung, Rechentechnik/Datenverarbeitung **12** (1975) 3. Beiheft, 10

[58] F. ZIEGENBALG: Einsatz und Weiterentwicklung der problemorientierten Systemunterlagen für die Rechnersysteme ROBOTRON 4000 und ROBOTRON 4200/4201, Rechentechnik/Datenverarbeitung **12** (1975) 3. Beiheft, 14

[59] R. FÜLLE: Modulare Programmierung und ihre Anwendung bei Software-Systemen für die Erfassung und Ver-

arbeitung von Meßdaten, Prozeßrechner-Kolloquium 1973, ZfR der AdW, ZfR-C-74.08, 42
[60] K. Schmidt: Modularprogrammierung — eine Methode zur rationellen Programmierung großer Programmsysteme, Rechentechnik/Datenverarbeitung **10** (1973) H. 7, 32
[61] K. Andert: Entwurf und Einsatz eines rechnergesteuerten modularen Gerätesystems für kernphysikalische Präzisionsmeßaufgaben, Bericht ZfK Rossendorf ZfK-299, 1975
[62] Digital-/Analog-Umsetzer, Arbeitsblatt Nr. 94, Elektronik **25** (1976) H. 1, 77, H. 2, 93
[63] J. Lauch: Ein Linearverstärker für Hand- oder Rechnersteuerung mit geschalteter Impulsformung, Bericht HMI-B 174 Hahn-Meitner-Institut Westberlin, 1975
[64] Informationsschrift VEB RFT Meßelektronik „Otto Schön" Dresden: Gerätesystem zur automatischen Messung elektrischer Größen und zur Meßwertverarbeitung, 1973
[65] G. Kloss: Beiträge zur on-line Kopplung kernelektronischer Geräte mit dem Digitalrechner TPA 1001 über das Standard-Interface SI 1.2 in rechnergeführten Experimenten der niederenergetischen Kernphysik, Dissertation Techn. Univ. Dresden, 1975
[66] B. Schmidt, K. Eckert u. a.: 3. Generation des Erzeugnissystems „Digitale Messung und Meßwertausgabe — Grundgeräte", radio fernsehen elektronik **23** (1974) 113
[67] Informationsschrift VEB RFT Meßelektronik „Otto Schön" Dresden: Erzeugnissystem der Analysen- und Strahlungsmeßtechnik, 1975
[68] Zeitschrift „Impuls" des Industriezweigs Automatisierungsgeräte, Dresden; Kundeninformation des Kombinats ROBOTRON
[69] W. Kötitz: Standard-Interface für das ESMP, radio fernsehen elektronik **21** (1972) 685
[70] W. Meiling: Entwicklungsstand, Probleme und Tendenzen des modularen Instrumentierungssystems CAMAC, radio fernsehen elektronik **25** (1976) 96
[71] Single-Crate Controller DMA, CAMAC Bulletin No. 14 1975, 40
[72] Microprocessors for CAMAC, CAMAC Bulletin No. 14, 1975, 3—21
[73] N. I. Shurawlew, A. N. Sinajew u. a. (Н. И. Журавлев, А. Н. Синаев и др.): Цифровые блоки в стандарте

КАМАК, Дубна 10-7332, 1973; 10-8114, 1974; 10-8754, 1975

[74] W. A. Arefjew, I. F. Kolpakow u. a. (В. А. Арефьев, И. Ф. Колпаков и др.): Модули процессорной периферии в системе CAMAC, Дубна Р 10-7326, 1973

[75] W. Hirsch, S. Gläser u. a.: Entwicklung eines CAMAC Crate Controllers Typ A und eines Datenweg-Testmoduls, Jahresbericht ZfK Rossendorf ZfK-283, 1974, 156

[76] G. Naumann, D. Hörning, F. Weidhase (Г. Науманн, Д. Хэрнинг, Ф. Вайдхазе): Возможности стыковки функциональных единиц и измерительных устройств, Новости ИАИ (Интератоминструмент) **4** (1976), но, 2, 13

[77] M. Kubitz, R. Kind: Macro-IML Implementations for the PDP-11 Computer, CAMAC Bulletin No. 13, 1975, 17

[78] R. F. Thomas, Specifications for Standard CAMAC Subroutines, CAMAC Bulletin No. 6, 1973, 23

[79] G. Bianchi, M. Kubitz, A. Lewis: An Implementation of Real-time BASIC for CAMAC on a PDP-11, 2. International Symp. CAMAC Brussels 1975, Proceed. EURATOM-Report EUR 5485, 1976, 91

[80] P. Neubert: CAMAC-Compiler für HP 2116 C, 8. Kernelektroniksymposium Dubna 1975

[81] K.-W. Legge, D. Werner: CAMAC 4200, eine algorithmische Echtzeitprogrammiersprache für das Kleinrechnersystem 4200 mit angekoppelter CAMAC-Peripherie, TU Dresden Informationen, Sektion Informationsverarbeitung, 08-01-75; 8. Kernelektroniksymposium Dubna 1975

[82] Hewlett-Packard-Interface Bus, Hewlett-Packard-Katalog 1976

[83] J. Klaus: Wie funktioniert der IEC-Bus? Elektronik **24** (1975), H. 4, 72, H. 5, 73

[84] J. Farren, R. K. Webster: Automation of Laboratory Instruments — A Review, 1. Internat. Symposium CAMAC Luxembourg 1973, Proceed. CAMAC Bulletin No. 9, Suppl., 1974, 109

[85] Kurzinformation Auswertesystem AS 4, VEB Chromatron Berlin, 1976

[86] K. Leidler: Kleinrechnereinsatz in der Labor-Gaschromatographie, Rechentechnik/Datenverarbeitung **12** (1975) 3. Beiheft, 58

[87] H.-J. Wolff, K.-P. Roethe, D. Gelbin: Der Einsatz des Prozeßrechners TPA 1001 bei der verfahrenstechnischen Forschung, Chem. Techn. **27** (1975) 209

[88] D. Kollbach, H.-G. Metzler u. a.: Einsatz des CAMAC-Systems für die Prozeßdatenverarbeitung in der Medizin, Bericht HMI-B 149 Hahn-Meitner-Institut Westberlin, 1974

[89] W. Grimm, R. Krause, W. Meiling: EXNF — Ein Programm zur Steuerung der rechnergekoppelten Meßapparatur (CAMAC) für Spaltquerschnittsmessungen, Jahresbericht ZfK Rossendorf, 1977

[90] A. B. Smith, P. Guenther et al.: Multi-angle Fast Neutron Time-of-flight System, Nuclear Instr. and Meth. **50** (1967) 277

[91] H. Helfer, J. Kayser, u. a.: Einsatz und Erprobung eines Multidetektor-Neutronenflugzeitspektrometers, Jahresbericht ZfK Rossendorf ZfK-315, 1976, 167

[92] H. Angermann, D. Baldauf u. a.: Einsatz eines Rechnersystems zur Erfassung und Verarbeitung von Meßdaten bei kernphysikalischen Experimenten im ZfK Rossendorf, Kernenergie **19** (1976) 26

[93] J. W. D. Sinclair, J. W. Smith et al.: A Real-time 448000-channel Multiparameter Pulse-height Analysis System, Nuclear Instr. and Meth. **111** (1973) 61

[94] G. Naumann: Einsatz des KRS 4200 zur Automatisierung von Meßwerterfassungsprozessen, radio fernsehen elektronik **23** (1974) 413

[95] P. Abend, H. Becker et al.: Computer Controlled Measurements of Semiconductor Devices, CAMAC Bulletin Nr. 7, 1973, 3

[96] G. Dupuy: Ensemble de mesures automatiques, CAMAC Bulletin No. 2, 1971, 7

[97] H. Berndt: Rechner der Familie ROBOTRON 4000 in Prüfprozessen der Elektronik, Rechentechnik/Datenverarbeitung **10** (1973) 1. Beiheft, 36

[98] Note: Use of CAMAC in European Space Agency Data Handling Systems, CAMAC Bulletin No. 14, 1975, 22

[99] J. Treetz, G. Hoppe, G. Hänsel: Tester 1000 — ein Meßautomat für digitale integrierte Schaltkreise, radio fernsehen elektronik **22** (1973) 280

[100] N. Fichtner: Zur Entwicklung des Einsatzes der EDV im Gesundheits- und Sozialwesen, messen steuern regeln **17** (1974) 226

[101] K. JAHN, D. FISCHER: Automatisierung in medizinischen Labors mittels Kleinrechnereinsatz, Rechentechnik/Datenverarbeitung **12** (1975) 3. Beiheft, 51

[102] M. RITSCHEL, T. RETTER: Meßwertverarbeitung in der Medizintechnik mit SIM-101-Bausteinen und Prozeßrechner, Rechentechnik/Datenverarbeitung **13** (1976) H. 1, 62

[103] H. PANGRITZ: Survey of CAMAC Applications in Medicine and Health Services, 2. Internat. Symp. CAMAC Brussels 1975, Proceed. EURATOM-Report EUR 5485, 1976, 151

[104] G. NAUMANN: Standard-Interfaces der elektronischen Meßtechnik, radio fernsehen elektronik **25** (1976) 280

## 7. Sachwortverzeichnis

*Der Verfasser*

- gibt einen Überblick über die Gerätetechnik bei Meßsystemen, die mit einem digital arbeitenden Kleinrechner gekoppelt sind, und erläutert die wichtigsten Parameter und Funktionsabläufe in Kleinrechnern

- beschreibt Struktur und Eigenschaften standardisierter Interfacesysteme zur on-line-Kopplung eines Rechners mit einer Meßapparatur oder einem Prozeß

- stellt einige Anwendungsbeispiele in der Laborautomatisierung und Prüffeldtechnik dar

- wendet sich an Mathematiker, Physiker, Chemiker, Medizintechniker, Ingenieure und Studenten

WISSENSCHAFTLICHE TASCHENBÜCHER

FSC
www.fsc.org
MIX
Papier | Fördert
gute Waldnutzung
FSC® C083411

Zeitfracht Medien GmbH
Ferdinand-Jühlke-Straße 7
99095 Erfurt, Deutschland
produktsicherheit@kolibri360.de